Julia Schuster & Jochen Schleicher

Dog Frisbee

Julia Schuster & Jochen Schleicher

Dog Frisbee

Spaß mit Hund und Scheibe

Die Hundeschule

Müller Rüschlikon

Impressum

Titel-Reihengestaltung: Petra Pawletko
Einbandgestaltung: Luis dos Santos
Titelbild: Julia Schuster

Bildnachweis: Ralf Stockhoff: S. 13; Florian Franzus: S. 15, 46.
Alle übrigen Fotos und Illustrationen stammen von Julia Schuster.

Die Bezeichnung Frisbee® ist ein eingetragenes Markenzeichen der Firma Wham-O, Inc.

Die in diesem Buch enthaltenen Hinweise und Ratschläge beruhen auf jahrelang gemachten Erfahrungen und gesammelten Erkenntnissen in praktischer und theoretischer Arbeit mit Hunden. Alle Angaben wurden gründlich geprüft. Eine Haftung der Autoren oder des Verlages und seiner Beauftragten für Personen-, Tier-, Sach- und Vermögensschäden ist ausgeschlossen.

ISBN 978-3-275-01755-3

Postfach 103743, 70032 Stuttgart
Ein Unternehmen der Paul Pietsch Verlage GmbH & Co. KG
Lizenznehmer der Bucheli Verlags AG, Baarerstr. 43, CH-6304 Zug

1. Auflage 2010

Sie finden uns im Internet unter **www.mueller-rueschlikon-verlag.de**

Lektorat: Angela Saur
Innengestaltung: Petra Pawletko
Druck und Bindung: KoKo Produktionsservice, 70900 Ostrava
Printed in Czech Republic

Inhalt

Vorwort

Dog Frisbee ist mehr als nur ein weiterer Hundesport. Wie viele andere Frisbeesportarten ist es wohl eher eine Lebenseinstellung. Wer einmal am Strand oder im Park eine Scheibe geworfen hat kann sicher verstehen, dass Frisbeespielen eine ganz besondere Art der Freizeitgestaltung ist. Man kann dabei super abschalten und sich gleichzeitig sinnvoll mit dem Hund beschäftigen.

Dieses Gefühl von Freiheit, Wind, Wiese, Weite und der Kreativität des Werfens mit Ihrem Vierbeiner können Sie in diesem Buch entdecken und erlernen. Unabhängig von Rasse und Größe kann dieser Sport durch seine Vielfalt an Tricks individuell auf jeden gesunden und bewegungsfreudigen Hund angepasst werden – von Mops bis Mastiff, von Pudel bis Border Collie.

Dieser Ratgeber vermittelt auf leichtverständliche und lockere Art die Basis für alle Sportneulinge und Einsteiger. Auch Fortgeschrittene haben hier die Möglichkeit, eventuell noch fehlende Grundlagen nachzuholen und nachzulesen, um ihr Spiel noch flüssiger und zuverlässiger zu gestalten. Auf der Grundlage des individuellen Trainingsablaufes innerhalb unserer Dog-Frisbee-Seminare haben wir eine leichtverständliche und einfach umzusetzende Erklär-, Lehr- und Lernmethode zu Papier gebracht. Diese wird durch eine Vielzahl von Bildern visualisiert.

Es hat uns viel Freude bereitet, dieses Büchlein mit unserem Wissen und unseren Erfahrungen zu füllen. Eine gute und richtige Basis macht das Spiel in kürzester Zeit flüssig, rund und ausbaufähig! Auch mit wenigen, aber dafür flüssigen Tricks wachsen Mensch und Hund zu einem richtig tollen Team zusammen.

Jeder Hund ist anders, das zeigt sich nicht nur an der Optik, sondern vor allem in Bereichen wie dem Tempo, dem Trieb, der Kontrollierbarkeit, der Aufmerksamkeit, Sprung- und Fangtechnik sowie dem Timing. Diese Bereiche werden in den folgenden Kapiteln ausführlich besprochen und erklärt. Wir haben uns für eine relativ kurze, aber verständliche Form entschieden, damit der Einsteiger nicht verwirrt ist, wenn er 1000 mögliche Herangehensweisen vorgeschlagen bekommt. Es gibt einen guten Weg, Ihren Hund zum Disc Dog zu machen. Wenn Sie regelmäßig so mit Ihrem Hund trainieren, werden Sie bald sehen, welche Fortschritte Sie erzielen und wie viel Spaß dieser Sport Ihnen und Ihrem Vierbeiner bereitet!

1 Grundsätzliches

- Geschichtlicher Hintergrund
- Was ist Dog Frisbee?
- Scheibenkunde

Geschichtlicher Hintergrund

Wie alles begann

Schon immer zählte das Frisbeespielen zu einer meiner Lieblingsbeschäftigungen in der Freizeit. Der Gedanke, dass mich mein erster Hund Butch Cassidy, ein Mischlingsrüde, durch sein hartnäckiges Scheibenklauen dahin gebracht hat, wo ich mit meinem Team Discrockers heute bin, lässt mir immer noch einen Schauer über den Rücken laufen (einen positiven natürlich).

Im Sommer 1996 war Butch wieder mal dabei, sich eine meiner Frisbeescheiben aus meiner Tasche zu stibitzen, als ich mir auf einmal dachte ... warum eigentlich nicht? Ich ließ ihn zu mir kommen und warf ihm die Disc. Der verrückte Kerl fing sie mit einem eleganten Satz aus der Luft! Faszinierend! Und wie viel Spaß wir beide dabei hatten!

Gepackt von dem Gedanken, dass es doch bestimmt jede Menge andere Hunde gibt, die dazu Lust haben könnten, durchsuchte ich noch am selben Abend das Internet nach Gleichgesinnten. Als ich die Stichwörter »Hund« und »Frisbee« in die Suchmaschine eingab, hatte ich nicht damit gerechnet, gar nichts zu finden. Nicht ein einziger Eintrag zu diesen Schlagwörtern war zu finden. Das verwunderte mich doch sehr.

Als Nächstes gab ich die Suchbegriffe auf Englisch ein, also »Dogs« und »Frisbee« und wurde mit einem Schwall von Ergebnissen überschüttet. In den USA war dieses Spiel mit dem Hund und der Scheibe besser bekannt als Disc Dogging oder Dog Frisbee. Bereits seit den frühen 70er Jahren wurde dieser Sport dort ausgeübt. Seinen Ursprung hat er bei Alex Stein und seinem Whippet-Rüden Ashley. Alex und Ashley sind die ersten bekannten Disc Dogger, die den Sport populär machten. Mit ihrer unvergesslichen, illegalen Halbzeitshow bei einem American-Football-Spiel der L.A. Dodgers legten sie den Grundstein für den Dog-Frisbee-Sport.

Hin und weg vor Begeisterung machte ich mich damals auf die Suche nach besser geeigneten und hundetauglichen Scheiben als meinen »Menschenfrisbees«, mit denen Butch zu Anfang noch spielte.

Damals, als Butch damit begann, immer größeren Gefallen am Spiel mit der Scheibe zu entwickeln war ich, was mein Scheibenwissen außerhalb des Menschenfrisbees anging, noch ein echter Grünschnabel. Dies sollte sich jedoch bald ändern. Zu Beginn nahm ich Butch mit seinem Scheibenklau ja noch gar nicht recht ernst, daher dachte ich auch nicht besonders viel darüber nach, ob es geeignete oder ungeeignete Scheiben für Hunde gab oder nicht. Ich dachte eigentlich nicht im Traum daran, dass es überhaupt Scheiben speziell für Hunde gab. Durch das Internet fand ich bald heraus, dass in den USA die sogenannte Fastback die ultimative Dog Disc für diesen Sport war und bestellte mir direkt meinen ersten Satz Scheiben.

Discs – Scheibengeschichte

Als ich sah, wie viel Spaß Butch mit seiner Scheibe hatte, merkte ich recht bald, dass das Tackern von Hundezähnen so eine Scheibe schnell ziemlich fertig aussehen lässt.
Ich surfte immer wieder auf den Disc-Dog-Webseiten der Amerikaner herum und fand bald heraus, dass es beim Hundefrisbee vor allem auf die richtigen und geeigneten Scheiben ankommt.
Es war Peter Bloeme, der mir damals in einer E-Mail von der Fastback-Frisbee, der zu diesem Zeitpunkt meistverwendeten Hundescheibe, erzählte. Ich machte mich zuerst in Deutschland auf die Suche, fand jedoch in den Zoofachgeschäften leider nichts Geeignetes. Im Jonglierladen kaufte ich dann stolz meine erste Fastback-Frisbee. Damaliger Kostenpunkt: 25 DM! Butch und ich hatten so viel Spaß beim Zocken mit den fliegenden Scheiben, dass wir knapp 80 Discs im Jahr verbrauchten. Nachdem ich dem Jonglierladenbesitzer meines Vertrauens, Henry, die letzten Fastback-Frisbees abgekauft hatte, verwies mich dieser an seinen Großhändler.
Gemeinsam mit diesem importierte ich meine ersten Fastbacks mit eigenem Discrockers-Logo. Was uns in unserer Euphorie, dem Disc-Dog-Sport durch das Importieren von geeigneten Scheiben auch in Deutschland und Europa bekannt zu machen, ziemlich abbremste, war allerdings die Zahlung einer Lizenzgebühr von 1 DM pro Scheibe an den Lizenzgeber.

Bei der ersten offiziellen UFO Hundefrisbee-Europameisterschaft 2002 in Holland brachte mir mein Freund Chris Sexton aus den USA eine japanische Hundescheibe mit. Ich bemerkte den Unterschied zur Fastback gar nicht. Erst als Chris mir erklärte, dass dies keine Fastback sei erkannte ich, dass es sich um eine japanische Fastback-Disc handelte. Dies veranlasste mich schließlich, meinen eigenen Fastbackklon mit meinen eigenen Verbesserungsideen in Deutschland zu produzieren. Das war die Geburtsstunde der DogStar® Disc!
Heute haben wir, die Discrockers, eine eigene Scheibenproduktion, mit der wir eine Reihe von Scheiben anbieten, die speziell auf unterschiedliche Wetterverhältnisse und Bissstärken ausgerichtet sind. Dieses erweiterte Angebot und unsere Shows, Workshops und Seminare tragen dazu bei, dass dieser tolle, begeisternde Sport in Europa weiter Fuß fasst und stetig wächst.

Viele bunte Scheiben, da ist für jeden die richtige dabei.

Was ist Dog Frisbee?

Bewegungsfreudige Hunde lieben das Spiel mit den bunten Scheiben.

Frisbeespielen mit dem Hund ist schon etwas anderes, als nur einen Ball oder ein Stöckchen zu werfen. Denn hier wird nicht nur die Ausdauer des Hundes gefordert, sondern außerdem auf spielerische Art eine verlässliche Bindung konditioniert. Darüber hinaus lernt der Hund kontrollierte Spielabläufe kennen sowie das »Lesen« der fliegenden Scheibe und der Körpersprache des zweibeinigen Spielpartners. Somit lastet dieser Sport den Hund körperlich und geistig aus.

Der Dog-Frisbee-Sport, auch Hundefrisbee genannt, ist eine actionreiche und aufregende Freizeitbeschäftigung für bewegungsfreudige, gesunde Hunde und deren genauso sportliche Herrchen und Frauchen. Gespielt wird mit mindestens einer Hundefrisbeescheibe. Diese wird geworfen und vom Hund gefangen und zurückgebracht.

Neben Distanzwürfen kann man auch verschiedene Tricks mit dem Hund machen, bei denen er die Scheibe z. B. durch Absprünge vom und über den Körper fängt. Es gibt unzählige Wurftechniken, die das Spiel immer spannend und abwechslungsreich halten.

Wichtig ist eine gute Basis, damit man sich dann kontinuierlich steigern kann und bestimmte Grundlagenprobleme später nicht im Weg stehen.

Wann spielt man?

Dog Frisbee ist ein Hochleistungssport für den Hund und man sollte auf jeden Fall warten, bis der Hund ausgewachsen ist. Dies ist, abhängig von der Rasse, zwischen dem 12. und 18. Lebensmonat der Fall. Außerdem sollte man den Hund beim Tierarzt durchchecken lassen. Wenn er gesund und fit ist, kann es losgehen. Bei Junghunden raten wir von Sprüngen dringend ab, Roller und Motivationsspiele hingegen sind ein super Einstieg!

Durch das Zergeln z. B. um ein Tau kann man den Trieb und das Spiel beim Menschen bereits mit ganz jungen Hunden aufbauen.

Wie spielt man?

Beim Dog Frisbee geht es vor allem um den Spaßfaktor. Spaß wird in diesem Sport großgeschrieben! Es braucht nicht viel zu diesem Spiel, nur einen gesunden, motivierten und apportierfreudigen Hund, eine ebene und ausreichend große Spielwiese und ein bis unendlich viele Discs.

Wie lang kann man spielen?

Da dieses Spiel sehr bewegungsfreudig und damit auch schnell anstrengend ist, sollte man nicht mehr als zwei bis drei Spiel-/Trainingseinheiten von jeweils ca. fünf Minuten täglich durchführen. Ansonsten kann es zur Überbelastung vor allem bei nicht hundertprozentig trainierten Hunden führen. Es gibt da außerdem noch eine goldene Regel, die besagt: »Man sollte aufhören, wenn es am schönsten ist.« Diese sollte man sich zu Herzen nehmen, um den Hund erstens nicht zu überlasten und zweitens die Begeisterung für das Spiel beim Hund zu erhalten!

Es ist auch absolut ausreichend, wenn man zwei bis drei Mal in der Woche mit seinem Hund Frisbee spielt. Es geht nicht um die Häufigkeit, sondern um ein kontinuierliches und harmonisches Miteinander, an dem Mensch und Hund Spaß haben.

→ Weniger ist mehr! Gerade bei ungeübten Hunden die Trainings-/Spieleinheiten kurz halten, um den Hund nicht zu überlasten, ihn aber auch nicht zu frustrieren, wenn man evtl. noch kein perfekter Werfer ist!

Was ist noch wichtig?

Ganz wichtig ist auch das Mitführen von ausreichend Wasser für den Hund, damit er nach dem Spiel erstmal einen kräftigen Schluck trinken kann. Wer keinen Reisetrinknapf hat, kann auch einfach eine Flasche Wasser mitnehmen und den Hund dann aus der Frisbee trinken lassen. Außerdem sollten Sie den Hund in keinem Fall unmittelbar nach oder gar während des Spiels füttern, da er sich verschlucken könnte oder es sogar zu Erbrechen

Wichtig! Genügend Wasser dabei haben, damit der Hund nach dem Spiel trinken kann. Die Scheibe eignet sich hierbei super als Napf.

oder Erstickungserscheinungen führen kann, wenn er z. B. das Futter schlingt. Geben Sie ihm eine Ruhepause. Belohnen müssen Sie fürs Spielen nicht, das Spiel mit Herrchen oder Frauchen ist Belohnung genug!

Und? Haben wir Ihr Interesse geweckt? Wollen Sie das nun auch mit Ihrem Hund versuchen? Gerne! Wichtig ist jedoch vor allem, dass der Werfer, also der Mensch, das sichere und zielgerichtete Werfen beherrscht. Außerdem handelt es sich beim Dog Frisbee um einen Teamsport. Man kann dabei gemeinsam mit dem Vierbeiner Spaß haben und spielerisch auch die gängigen Grundkommandos festigen. Das und natürlich die tolle Optik eines mit Begeisterung nach den Scheiben springenden und jagenden Hundes machen diesen Sport so einzigartig!

➔ Mit jungen Hunden, sprich Hunden, die das erste Lebensjahr noch nicht vollendet haben, raten wir davon ab, bereits direkt in den Dog-Frisbee-Sport einzusteigen, da Gelenke und Muskeln noch nicht komplett ausgewachsen und einsatzbereit sind. Natürlich kann man bereits die Basis aufbauen, durch Zerr- und Motivationsspiele den Trieb auf die Scheibe etablieren und ein zuverlässiges Apportieren von Rollern erarbeiten. Distanzwürfe und Sprünge müssen aber noch warten.

Scheibenkunde

Es gibt kleine, große, harte, weiche Scheiben. Vieles, was man im Zoofachhandel kaufen kann, ist zwar schön bunt, eignet sich aber nicht zum Dog Frisbee.

Welche Scheiben eignen sich?

Wer in den Hundefrisbeesport einsteigen möchte, benötigt zuerst einmal eine gute Einsteigerscheibe. Der Gedanke, einfach in das nächstgelegene Zoofachgeschäft zu gehen ist dabei naheliegend, jedoch leider oft ein Trugschluss, denn es gibt zwar eine Menge sogenannter Hundefrisbees oder Flugscheiben, doch die wenigsten der dort angepriesenen Spaßbringer sind wirklich geeignet, um diesen Sport gesund und richtig zu erlernen.

Geeignete Scheiben erkennt man an ihrer Form, dem Material und der Größe. Außerdem sollte man auf das Herstellungsland achten.

Billiges Plastik splittert schnell und kann so zu Verletzungen führen.

Scheiben mit Zapfen oder Aussparungen sind ungeeignet, die Verletzungsgefahr für den Hund ist groß.

Oft wird ein billiges Plastik verwendet, welches schnell splittern kann und neben einem abrupten Ende des Spiels auch Verletzungen am und im Hundemaul anrichten kann.

Unbedingt abzuraten ist von Scheiben mit Aussparungen, Zapfen oder anderem Schnickschnack wie Pfeifen, Leucht-LEDs, Batteriefächern oder ähnlichem. Hierbei ist ein Verletzen an der Scheibe quasi vorprogrammiert. Wir sind außerdem davon überzeugt, dass gerade von Leuchtscheiben unbedingt abzuraten ist. Wenn es draußen dunkel wird, sollte man nicht mehr weiterspielen. Auch wenn der Hund die Scheibe durch besondere Leuchteigenschaften weiterhin sieht, weiß er nicht, wo genau er landet und kann sich so leicht verletzen.
Wieder andere Scheiben sind aus Stoff oder Schaumstoff und wenn der Hund damit alleingelassen wird, was ein klassischer Anfängerfehler ist, sind auch diese Scheiben im Nu kaputt und das Spiel ist zu Ende, bevor es begonnen hat.
Auch spezielle Hundescheiben können teilweise viel zu schwer sein, wenn es sich um bissfeste Modelle handelt. Das kann dazu führen, dass ein ungeübter Werfer es vielleicht kein einziges Mal schafft, die Scheibe so für den Hund zu werfen, dass dieser sie auch, wie in diesem Sport vorgesehen, aus der Luft fangen kann. Wenn der Hund die Scheibe jedes Mal nur vom Boden aufnimmt, hätte es wohl auch ein Ball getan.

So sollte keine Scheibe aussehen. Bitte immer darauf achten, dass der Hund die Scheibe nicht als Kauartikel sieht. Das ist der falsche Einstieg in den Sport. Außerdem ist es ungesund, sollte der Hund tatsächlich Plastikteile verschlucken.

Andere Flugscheiben- und Frisbeesportarten

Es gibt neben dem Dog Frisbee natürlich noch einige andere Frisbeesportarten. Eine der gängigsten ist **Ultimate Frisbee**. Gespielt wird auf einem fußballfeldähnlichen Platz sieben gegen sieben Spieler mit einer Scheibe. Es kommt auf gezieltes und sauberes Werfen an. Ein sehr bewegungsfreudiger Sport im Team.
Weiterhin gibt es **DiscGolf**. Hier wird mit speziellen Golfscheiben auf Körbe gespielt. Dieser Sport gewinnt auch hierzulande immer mehr an Popularität.
Freestylefrisbee ist das akrobatischste und kreativste Spiel mit der Flugscheibe. Es wird in Teams von zwei bis drei Spielern gespielt oder in größeren Gruppen gejammt. Die Scheibe wird hierbei auf den Fingern balanciert und in spektakulären Formen um den Körper bewegt und abschließend gefangen. Auch diese Sportart wächst in Deutschland und Europa stetig!

Hier zu sehen: eine Golfscheibe (orange), eine Ultimate-Scheibe (pink) und eine Freestylescheibe (gelb). Diese Scheiben sind nicht für den Hundesport geeignet.

Wir haben aus unserer jahrelangen Erfahrung mit Anfängerhunden und Neueinsteigerteams festgestellt, dass sich eine besonders weiche und flexible, aber auch durchaus bissresistente Scheibe bestens eignet, um dieses für die meisten Hunde noch neue Objekt, das weder Stock noch Ball ist, interessant zu machen.
Diese Scheiben wecken beim Hund den Beutetrieb, da sie durch ihre Flexibilität eine noch lebende Beute imitieren. Außerdem laden sie zum Reinbeißen, Tauziehen und Schütteln ein, da sie dem Hundemaul angenehm sind.

Wichtig!

Der Hund sollte niemals mit der Scheibe allein gelassen werden. Hierbei kann die beste Scheibe ruckzuck zerstört werden. Das ist nicht Sinn des Spiels!

Nicht jeder Hund hat die gleichen Vorlieben, was die Auswahl der geeigneten Scheiben angeht. Die einen benötigen für ihren Hund dringend eine bissresistente Scheibe, andere wollen den Hund zusätzlich noch mit der Scheibe motivieren und wieder andere haben einen triebstarken, aber zart fangenden Hund, dieser benötigt dann eher eine leichte Scheibe.
Stellen Sie beim Kauf die richtigen Fragen und lassen Sie sich ausführlich zur Wahl der Scheibe beraten.

Tipp

Wenn Ihr Hund noch nie mit einer Scheibe gespielt hat, raten wir in jedem Fall zu einem weichen und flexiblen Modell wie der DogStar Heavy Crusher!

Tipp

Die meisten Hundescheiben schwimmen nicht. Wer gern mit seinem Hund im Wasser spielen möchte, sollte dann doch einfach einen Schwimmball werfen, denn Frisbee spielt man auf einer Wiese oder am Strand.

Wieso fliegt eine Scheibe?

Eine gute Flugscheibe hat eine bestimmte Größe und Form. Sie sollte über eine Haube und Flugstabilisierungsrillen verfügen. Diese geben der Scheibe den optimalen Auftrieb und die richtige Stabilität in der Luft.
Unter der Haube kann sich Luft sammeln, die die Scheibe in der Luft voran trägt, die Luftverwirbelungen zwischen den Rillen treiben die Scheibe weiter an. Je ausgeprägter die Haube, desto länger die Schwebephase.

Flugrillen

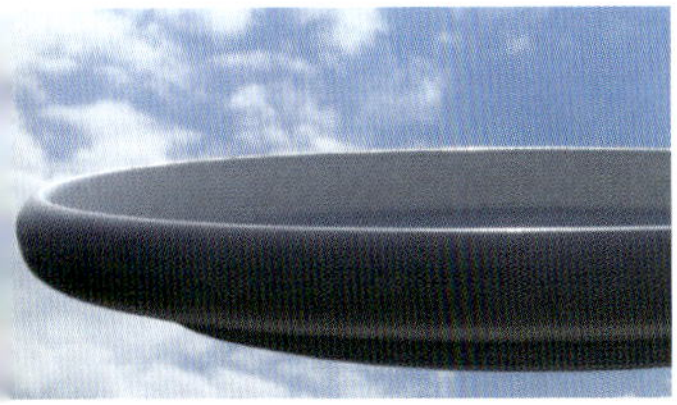

Scheibenrand

Haube

Da die Hunde die Flugbahn der Scheibe zu lesen lernen ist es vorteilhaft, wenn diese Schwebephase recht lang ist. Bei sehr flachen Scheiben ist die Schwebephase recht kurz, die Scheibe neigt dann eher dazu, zu schnell zu fliegen und am Ende der Flugbahn abzukippen.
Neben einer Haube sollte außerdem ein Rand vorhanden sein, der jedoch nicht zu viel Gewicht haben und die Scheibe unnötig schwer machen darf. Vor allem aber sollte er nicht scharfkantig oder eckig sein. Das optimale Gewicht einer guten Hundescheibe liegt zwischen 110 und 140 Gramm.

Scheibenpflege

Man kann normalerweise recht lange mit seinen Scheiben spielen, wenn man sie richtig pflegt. Eine Möglichkeit der Reinigung von Sand oder Dreck ist es, die Scheiben nach dem Spiel mit warmem Wasser abzuspülen oder sie in die Spülmaschine zu stecken. Danach kann man sie mit Schmirgelpapier an beanspruchten Stellen glätten.
Herausstehende Ecken oder Spitzen sollten mit einem Messer o.ä. abgeschnitten und dann glattgestrichen werden. Kleine Löcher sind kein Problem. Bei vielen tiefen Bissstellen sollte man die Scheiben jedoch entsorgen. Auch eine Scheibe mit gebrochenem Rand sollte aussortiert werden.

Reinigen und pflegen Sie die Scheiben regelmäßig, damit sie länger benutzbar bleiben.

2 Gesundheits- und Sicherheitshinweise

- Aufwärmen des Hundes
- Verletzungsgefahren
- Spielfläche
- Länge der Trainingseinheit
- Wind

Aufwärmen des Hundes

Bevor man sich mit seinem Vierbeiner sportlich betätigt, sollte man sich gemeinsam warm machen. Lassen Sie den Hund z. B. durch Ihre Beine laufen, falls Sie das bereits aus dem Dog Dancing oder Trick Dogging kennen. Durch die Bewegung wird die Rückenmuskulatur aufgewärmt und gedehnt.

Leichtes Traben auf weichem Untergrund an der Leine wärmt den Körper auch gut auf und lockert die Muskulatur. Intensives Streicheln oder Massieren ist eine super Möglichkeit, den Blutkreislauf anzukurbeln und den Körper auf die folgende körperliche Action vorzubereiten.

Beim Aufwärmen werden die Muskeln auf die anstehenden Aufgaben vorbereitet.

Warmstreicheln vor dem Spiel.

Wir empfehlen, nach dem Auflockern für den Hund erst einmal ein paar Roller (ausführlich erklärt auf Seite 33 in Kapitel 2) zu werfen, gerade und in mittlerer Distanz. So werden Hund und Mensch auf das Spiel eingestimmt. Dafür benötigen Sie zunächst nur eine Scheibe. Gern können Sie, wenn der Hund wieder bei Ihnen ist, als Belohnung für das Zurückbringen ein wenig mit ihm um die Scheibe Tauziehen.
Da es sich hier um ein aktives Spiel zwischen Mensch und Hund handelt, empfehlen wir sportliche, unempfindliche Kleidung und Schuhe mit ausreichendem Profil zu tragen. Der Hund sollte hingegen kein Geschirr oder Halstuch tragen. Ein einfaches Halsband kann umgelassen werden, falls dieses bei späterem Training zum Einsatz kommt. Kettenwürger, Stachelhalsbänder oder elektronische Hilfsmittel entsprechen nicht der Philosophie des Frisbeesportes und sind in keiner Weise hilfreich.

Verletzungsgefahren

Wie in jedem Hochleistungssport mit oder ohne Hund gibt es Risiken die man vermeiden kann, allerdings kann es natürlich zu Sportverletzungen kommen. Bei unseren Hunden ist es in all den Jahren durch das Frisbeespielen nie zu einer Verletzung gekommen.

Zu langes Spielen kann beim Hund zu Überhitzung führen. Im schlimmsten Fall kann es zum Kreislaufzusammenbruch kommen.

Beobachten Sie Ihren Hund während des Spiels: Ist der Hund körperlich bereits gut ausgelastet, hechelt stark und wird beispielsweise beim Zurückbringen der Scheibe langsamer, sollte man die Einheit beenden, um den Hund nicht zu überlasten. Spielt man dennoch weiter, kann es zu unkontrollierten Bewegungen kommen, Sprünge werden nicht mehr sauber ausgeführt. Zerrungen, Stauchungen oder gar Brüche können die Folge sein.

Ein gesunder Menschenverstand sollte ausreichend sein, um seinen Hund vor Überlastungen oder Verletzungen zu schützen. Erfreulicherweise sind in diesem Sport keine größeren Verletzungen bekannt.

Spielfläche

Ebene und lochfreie Wiesen sind optimal, um ohne Risiko mit dem Hund zu spielen.

Bei der Auswahl der Spielfläche gibt es verschiedene Faktoren, die erfüllt sein sollten, damit man optimal spielen kann. Grundsätzlich kann man super auf Rasen, am Strand oder anderen Sandplätzen spielen.
In kälteren Monaten sollte man nicht auf gefrorenem und somit zu hartem Boden mit seinem Hund spielen oder trainieren. Auf Schnee oder bei starkem Regen besteht die Gefahr des Ausrutschens und der Zerrung von Muskeln bei Mensch und Hund. Verletzungen durch unter dem Schnee liegende Gegenstände wie Stöcke, Steine, Scherben oder Müll können fatale Folgen haben. Im Winter kann man nach Möglichkeit in Reithallen mit Sandboden oder ähnlichem Untergrund ausweichen. Einige Hundeschulen verfügen außerdem bereits über Indoor-Trainingshallen, die mit speziellen Sportböden ausgelegt sind. Grundsätzlich ist Dog Frisbee aber ein Outdoorsport, in der Sonne und bei gutem Wetter macht es im Freien einfach am allermeisten Spaß!
Unbedingt abzuraten ist vom Spielen auf Stein- oder Asphaltboden, denn dieser schädigt die Gelenke und Pfoten der Hunde. Damit Hund und Mensch sich nicht verletzen sollte außerdem vor dem Spiel geschaut werden, ob sich Löcher, Maulwurfshügel, Steine, große Stöcke, liegen gelassener Müll oder gar kaputte Glasflaschen auf dem Untergrund befinden.

Im Urlaub am Strand macht es am meisten Spaß, der Scheibe nachzujagen und zur Abkühlung ins kühle Nass zu springen.

Löcher und rissiger Boden (Abb. 1 und 2), aber auch Steine und herumliegender Müll können zu Verletzungen beim Hund führen. Eine neue Spielfläche vor Beginn immer ablaufen und gegebenenfalls Löcher mit Sand verschließen (Abb. 3).

Neben der Gefahr, dass sich Hund oder Herrchen verletzen, kann der Hund bei anfänglicher Begeisterung durch das Treten in ein Loch oder auf eine Distel oder ähnliches diesen kurzen, aber eindringlichen Schmerz sofort mit dem Spiel verknüpfen und plötzlich die Lust am Spiel verlieren.
Um dies zu verhindern, sollte man sich die Platzbegehung zu Herzen nehmen.

Die Umgebung

Die Wahl des richtigen Spielfeldes meint aber nicht nur den Untergrund, sondern auch die gegebenen Umfeldbedingungen. Ist es ein öffentlicher Park, so sollte man vorher schauen, ob das Ableinen der Hunde vor Ort erlaubt ist. Anderenfalls kann es schnell zu Ärger und Ermahnungen kommen, wenn sich das Ordnungsamt oder andere Parkgäste daran stören, dass der Hund von der Leine gelassen ist. Auf einem eingezäunten Gelände, im eigenen Garten oder auf einem Hundeplatz lässt es sich optimal trainieren.

Andere Hunde

Ein Gelände, auf dem noch andere freilaufende Hunde zugegen sind, könnte ein Problem sein. Neben der Ablenkung kann es auch sein, dass ein anderer Hund ins Spiel einsteigt, die Scheibe klaut und sich daraus im schlimmsten Fall ein Streit entwickelt. Wenn Sie mit Ihrem ungeübten Hund trainieren wollen, sollte in der Umgebung keinerlei Ablenkung für Mensch und Hund herrschen. Ist der Hund gut auf die Scheibe konditioniert, lässt er sich nicht ablenken. Andere Hunde können trotzdem stören.

Das Spiel mit der Scheibe sollte nicht mit mehreren Hunden gleichzeitig gespielt werden, da es zu Beutestreitigkeiten kommen kann und dies in Raufereien oder sogar Beißereien enden könnte.

Mehrere Hunde

Wenn Sie mehr als einen Hund dabei haben, so spielen Sie immer mit einem und legen den oder die anderen ab. Das ist am Anfang nicht einfach, wenn die Begeisterung fürs Frisbeespielen bereits da ist. Sie sollten sich diesen Rat jedoch zu Herzen nehmen. Einer spielt nach dem anderen und die nicht aktiven Hunde lernen das Abliegen. Dies ist eine super Übung für den Grundgehorsam und ist darüber hinaus auch für spätere Turniere sehr hilfreich. Schließlich wollen Sie ja sicher nicht auf eine Veranstaltung kommen, bei der Ihr Hund dann die ganze Zeit an der Leine ziehend auf das Spielfeld rennen möchte.

Tipp

➜ Zu Anfang ist es hilfreich, wenn eine zweite Person beim abliegenden Hund bleibt, damit dieser das Kommando nicht aufhebt, ruhiger bleibt und unter Aufsicht ist.

Wenn man mit mehreren Hunden nacheinander trainieren möchte, sollte der wartende Hund das sichere Abliegen beherrschen oder lernen.

Länge der Trainingseinheit

Im Turnier dauert eine Freestyle-Runde zwei Minuten und Minidistance sogar nur eine Minute. Danach sind Hund und Mensch aber dennoch erschöpft. Das Training dauert auch bei den routinierten Teams nicht länger als zehn Minuten. Körper und Kopf des Hundes sind danach gut bedient. Mehrere Einheiten am Tag sind natürlich möglich.
Wie schon vorher beschrieben sollte man zur Länge der Trainingseinheit wissen, dass man am meisten Erfolg hat, wenn man die Spielsequenzen zu Beginn kurz hält. Man kann das natürlich nicht pauschal auf jeden Hund anwenden, aber länger als fünf bis zehn Minuten sollte kein Hund am Stück spielen, besonders am Anfang nicht. Dabei kann es leicht zu einer Überbelastung kommen, vor allem bei Hunden, die richtig Spaß an der Sache haben und hoch im Trieb stehen, denn diese zeigen oft nicht an, dass sie nicht mehr können.

Ein deutliches Zeichen für eine Überlastung können eine stark durchblutete, dicke Hundezunge und starkes Hecheln sein. Nun heißt es Pause machen.

Die Vierbeiner haben keine innere Uhr, die ihnen sagt, dass jetzt vielleicht eine Pause nicht schlecht wäre. Sie verlassen sich voll und ganz darauf, dass der Mensch schon weiß, was gut für sie ist. Die Verantwortung für die richtige Spiellänge liegt beim Menschen. Damit man das auch von sich sagen kann, sollte man die Aussagen »weniger ist mehr« und »aufhören, wenn es am schönsten ist« beherzigen.

Ein Anzeichen für zu langes Spielen ist eine stark angeschwollene und stark durchblutete Zunge. Wenn Sie dieses Anzeichen bemerken, sollten Sie in jedem Fall aufhören zu spielen, denn der Hund könnte sich beim Fangen der Scheibe leicht auf die Zunge beißen und es würde zu einer Blutung kommen. Das kann für den Hund schmerzhaft sein und sieht auch ziemlich gruselig aus. Passiert es trotzdem einmal, hilft ein Schluck Wasser und vor allem eine Pause. Das Auf-die-Zunge-Beißen sollte nicht zum Regelfall werden. Hören Sie also rechtzeitig mit dem Spielen auf.

Wind

Beim Frisbeespielen ist der Wind einer der wichtigsten und größten Faktoren für oder auch gegen ein sicheres und schönes Spiel. Der Wind hat einen enormen Einfluss auf die geworfenen und gerollten Scheiben.
Man sollte also vor dem Werfen immer prüfen, woher der Wind weht und sich dementsprechend ausrichten.
Oft wissen die Werfer gar nicht, warum bei einer richtigen Wurftechnik der Hund dennoch keine Erfolgschance hat, an die Scheibe zu kommen. Wenn man den Wind einzuschätzen lernt, so kann man ihn optimal nutzen. Abhängig von der Wurftechnik richtet man sich unterschiedlich zum Wind aus. Roller werden grundsätzlich mit dem Wind gemacht, um den Antrieb des Windes noch zu nutzen. Die Rückhand wird hingegen quer zum Wind geworfen, damit die Scheibe optimal schwebt.
Ein einfacher Trick zum Herausfinden der Windrichtung ist es, ein kleines Büschel Gras auszureißen und dieses vor sich in die Luft zu werfen. Je nachdem, wohin das Gras treibt, weht auch der Wind.

Testen Sie vor dem Spiel, woher der Wind weht.

Die Fahne zeigt die Windrichtung an.

Sie können auch versuchen, an der Bewegung der Äste und Blätter in den Bäumen zu erkennen, aus welcher Richtung der Wind gerade weht, oder Sie hängen eine Fahne oder ein Tuch in den Wind.
Da der Wind die Richtung manchmal ändert, sollte man ihn ab und zu während des Spiels überprüfen.

3 Grundwurftechniken ohne den Hund

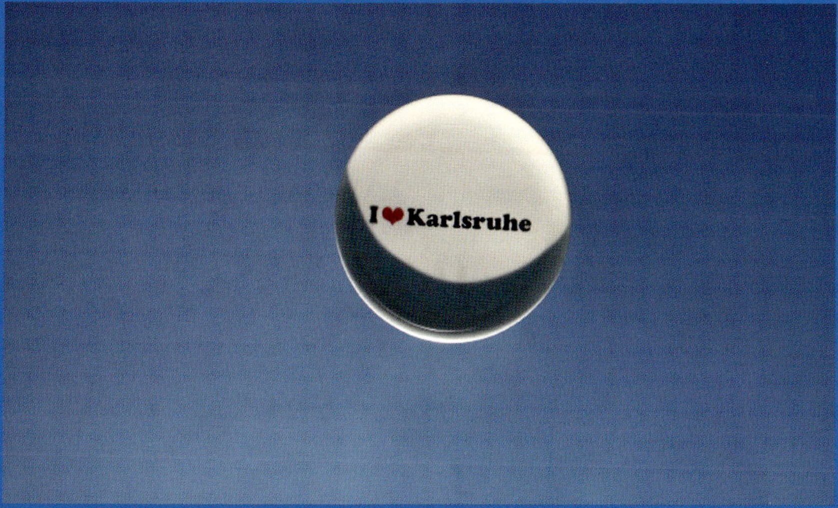

- Der Roller
- Der Floater/Heber
- Die Rückhand/Backhand

Zielgenaues Werfen ist Voraussetzung für ein erfolgreiches und sicheres Spiel. So macht Frisbeespielen richtig Spaß!

Zum Einstieg in alle hier nun erklärten Wurftechniken gilt grundsätzlich, dass zunächst das Erlernen und Umsetzen der richtigen Technik im Vordergrund steht und nicht der Krafteinsatz! Konzentrieren Sie sich zunächst ausschließlich auf eine korrekte Bewegungsausführung. Danach können Sie Ihre Aufmerksamkeit auf unterschiedliche Distanzen und Richtungen lenken. Durch geduldiges Üben können Sie immer weiter an Ihrer Technik feilen.

➜ Alle auf den folgenden Seiten erklärten Wurftechniken sind grundsätzlich für Rechtshänder erklärt. Bei Linkshändern sollte darauf geachtet werden umzudenken, damit man mit seiner gewohnten Hand die erklärten Griffe ausführen kann. Der Linkshänder soll also die für rechts erklärten Griffe einfach mit der linken Hand ausführen.

Der Roller

Das ist er, der Basis-»Wurf« schlechthin. Ohne Roller würden viele Hunde gar nicht den nötigen Trieb auf die Scheibe aufbauen können, denn keine fliegende Scheibe erzeugt beim Hund den Beutetrieb, den der Roller durch sein Davonschnellen über den Boden vermittelt. Er wirkt auf den Hund wie die davonrennende Beute, der er nachjagt. Mit der Zeit wird der Hund so auch dann einen Beutetrieb auf die Scheibe verspüren, wenn diese durch die Luft fliegt. So wird der Grundstein für den Dog-Frisbee-Sport gelegt.

Wenn man den Roller richtig und sicher beherrscht, ist es für den Hund ein riesiger Spaß, diesen zu jagen. Wird der Roller allerdings schlecht ausgeführt kann es sein, dass dieser schon kurz nach Berühren des Bodens abkippt und sofort liegt. Das kann beim Hund natürlich keinen Beutetrieb wecken, denn die Beute ist bewegungslos, also »tot«, bevor es überhaupt losgeht.

Darum sollte man den Roller richtig und sicher auszuführen lernen. Wie's geht, wird im Folgenden erklärt.

Um den Winkel, in dem die Scheibe den Boden trifft optimal, also eher flach, hinzubekommen empfiehlt es sich, den Roller vorerst aus der Hocke zu üben.

Daumen auf der Scheibe, restliche Finger greifen in den Rand, Zeigefinger liegt am Rand oder der erste Knöchel des Zeigefingers um den Rand herum.

Scheibenhaltung

Die Handfläche liegt am Rand der Scheibe, der Daumen liegt auf der oberen Seite der Scheibe auf den Scheibenrillen. Die restlichen Finger greifen in den Rand, der Zeigefinger liegt am Rand oder der erste Knöchel des Zeigefingers um den Rand herum.

Körperhaltung

Die Schultern des Werfers sind parallel zum Ziel. Der Ellenbogen und das Handgelenk des Wurfarmes werden angewinkelt.

Wurftechnik

Der Scheibenrand berührt den Unterarm, um beim Loslassen möglichst viel Schwung und Rotation zu erzielen. So ist das Handgelenk optimal gespannt und kann beim Nachvorne-

Der Scheibenrand berührt den Unterarm. Die Scheibe wird so losgelassen, dass sie im 45°-Winkel auf dem Boden zum Rollen kommt.

Wichtig ist, dass die Scheibe richtig am Unterarm anliegt und stabil in der Hand liegt.

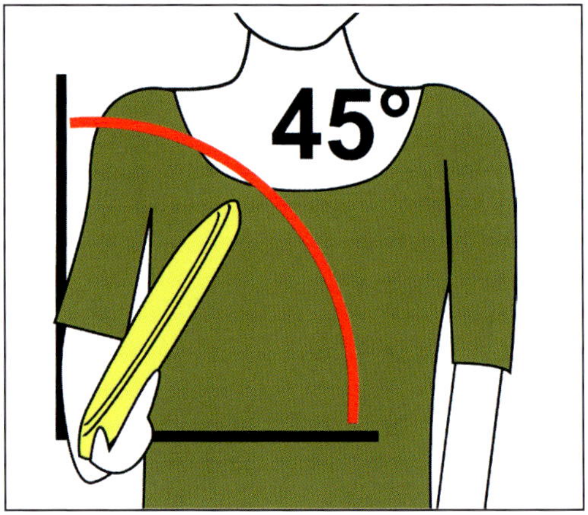

Die Scheibe sollte weder senkrecht noch waagerecht, sondern ungefähr im Winkel von 45° vom Unterarm abgerollt werden.

klappen die Scheibe in die optimale Vorwärtsbewegung bringen. Die Scheibe wird so losgelassen, dass sie im 45°-Winkel auf dem Boden zum Rollen kommt.

Auch der Winkel, in dem die Scheibe auf den Boden kommt ist entscheidend. Wir sprechen hier vom sogenannten Flugbahnwinkel. Je flacher der Winkel, desto weiter rollt die Scheibe in einer graden Linie.
Wir empfehlen, den Roller erstmal aus der Hocke zu üben, um später ein besseres Gefühl für das Aufkommen der Scheibe auf dem Boden zu erlangen.

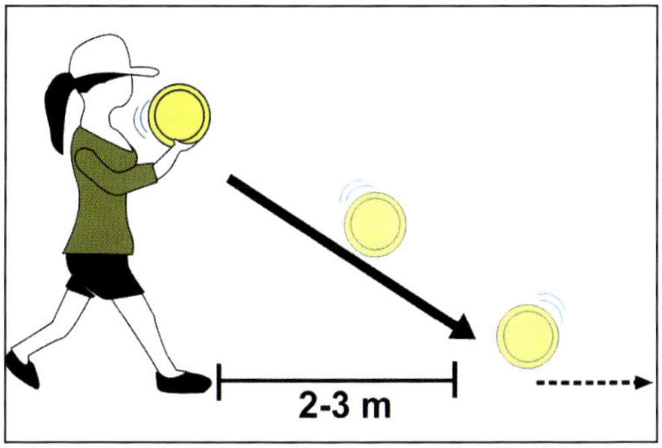

Die Scheibe wird so losgelassen, dass sie im 45°-Winkel auf dem Boden zum Rollen kommt.

Die Scheibe sollte etwa auf halbem Weg zum Ziel (mit dem Hund später an der gedachten Mitte von Abwurf- und Aufnehmposition) auf dem Boden zum Rollen kommen.

Häufige Fehler:

1. Roller rollt nicht:
Wenn keine oder zu wenig Rotation auf die Scheibe gegeben wird, so bekommt die Scheibe keinen Rollantrieb und kippt unmittelbar nach Berühren des Bodens um.

Beide Varianten machen es dem Hund so gut wie unmöglich, den Roller sauber vom Boden aufzunehmen.

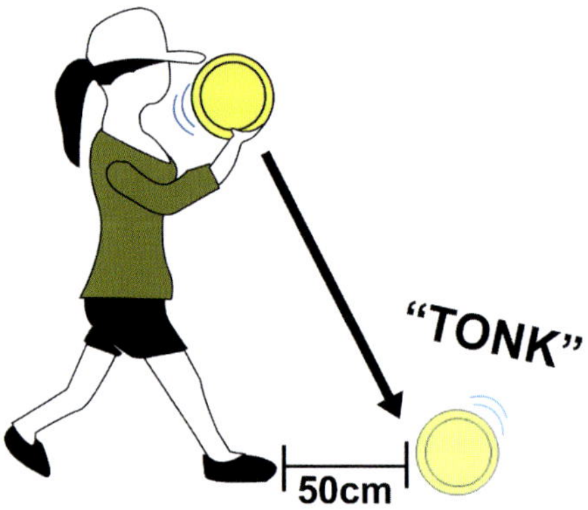

Bei zu steilem Winkel des Rollers geht die Kraft in den Boden und nicht in die Vorwärtsbewegung. Deutlich zu hören durch das Geräusch, das die Scheibe macht, wenn sie auf dem Boden aufkommt.

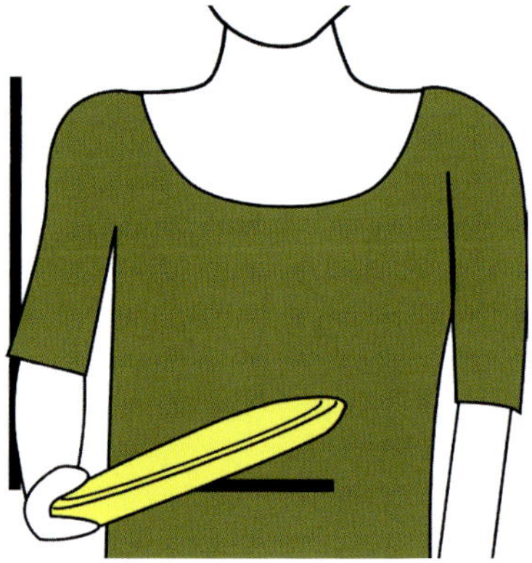

Zu flacher Scheibenwinkel.

2. Roller kippt nach links oder rechts:
Da die Scheibe schon in ihrer Grundform nicht symmetrisch ist, benötigt sie einen gewissen Winkel, um die Balance beim Davonrollen zu halten. Bei einem zu geraden Loslassen (senkrechte Scheibe) wird die Scheibe nach rechts abkippen (bei einem mit links gerollten Roller kippt die Scheibe nach links). Wird die Scheibe in einem zu flachen Winkel (fast waagerechte Scheibe) losgelassen, dann kippt diese nach links ab.

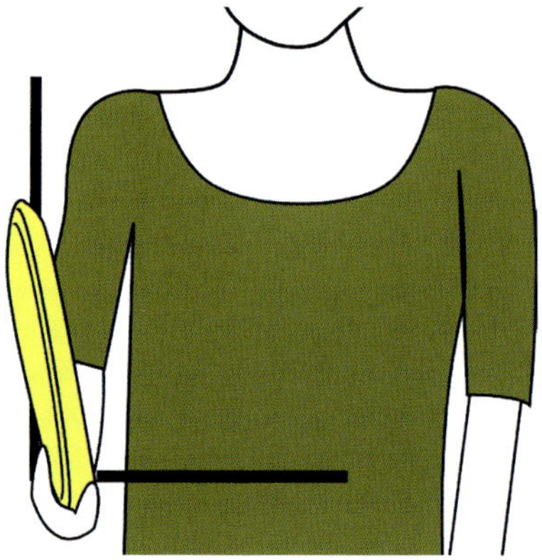

Zu steiler Scheibenwinkel.

Windbox

→ Damit man beim Roller den Wind optimal nutzen kann, wird er immer mit dem Wind gerollt. Der Mensch steht mit dem Rücken zum Wind.

ACHTUNG: Wird der Roller quer zum Wind geworfen, kommt der Wind also von rechts oder links, kann die Scheibe schnell kippen und wird so am geraden Rollen gehindert. Auch in den Wind sollte man nicht rollen, da auch hier die Scheibe abkippt und im Gras liegen bleibt.

Der Floater/Heber

Der Heber ist der wohl wichtigste Basiswurf, um dem Hund das sichere und gekonnte Fangen der Scheibe aus der Luft zu vermitteln. Dieser Wurf ist Grundlage für unzählige Variationen und bildet die Basis für fast jede Form von Körperüber- und -absprüngen. Er gehört zur Familie der Rückhand-/Backhandwürfe.

Scheibenhaltung

Der Daumen liegt auf der oberen Seite der Scheibe auf den Scheibenrillen. Der Zeigefinger liegt am Rand oder der erste Knöchel des Zeigefingers wird um den Rand herum gelegt. Die restlichen Finger befinden sich in der Scheibe und sollten zur Stabilisierung in Richtung Scheibenmitte zeigen. Der kleine Finger liegt am/im Rand.

Der Daumen liegt auf der oberen Seite der Scheibe auf den Scheibenrillen.

Die Scheibe wird vom Boden aus in einer Hebebewegung mit Rotation aus dem Handgelenk in Brusthöhe losgelassen.

Kleiner, Mittel- und Zeigefinger befinden sich in der Scheibe und sollten zur Stabilisierung in Richtung Scheibenmitte zeigen.

Um Rotation auf die Scheibe zu bekommen, bewegt sich das Handgelenk im Uhrzeigersinn (bei Linkshändern gegen den Uhrzeigersinn) von 12 Uhr nach 6 Uhr. Hierbei wird der Ellenbogen leicht angewinkelt und der Arm bewegt sich von unten nach oben. Nachdem die Scheibe losgelassen wurde, sollte die Hand sich in Richtung linke Schulter bewegen. Die Scheibe sollte nur von unten nach oben fliegen und dann auf Gesichtshöhe schweben. Außerdem sollte so viel Rotation auf die Scheibe gegeben werden, dass diese gerade und waagerecht in der Luft schwebt.

Körperhaltung

Bevor man den Heber aus dem Stand macht, kann man ihn im Sitzen oder Hocken üben. Die Scheibe wird wie oben beschrieben gegriffen und vor dem Körper auf den Boden gehalten. Nun wird sie vom Boden »gehoben« und etwa auf Brusthöhe losgelassen.

Möchte man nun den Heber aus dem aufrechten Stand versuchen, sollte man die Knie dabei leicht anwinkeln und nicht zu steif stehen. Die Scheibe wird etwa aus Hüfthöhe bis Brusthöhe »gehoben« und sollte höchstens zwischen Schulterhöhe und Gesichtshöhe (Orientierung Nasenspitze) schweben.

Wurftechnik

Die Hand greift die Scheibe auf 12 Uhr, dabei ist das Handgelenk gespannt und etwa auf 90° angewinkelt. Der Arm ist ausgestreckt und der Scheibenrand berührt auf 3 Uhr (bei Linkshändern auf 9 Uhr) den Unterarm.

Die Scheibe sollte nicht nach vorne davon fliegen, sondern sich eher Richtung Körper bewegen. Die Bewegung ähnelt dem Aufdrehen einer Flasche. Mit diesem wichtigsten Basiswurf lernt der Hund, eine Scheibe aus der Luft zu fangen. Viele Hunde haben anfangs Schwierigkeiten oder sind skeptisch, dieses unbekannte Objekt mit dem Maul zu fangen. Bei richtiger Technik und dem passenden Timing wird der Hund motiviert, die Scheibe zu fangen.

Windbox

- Beim Heber sollte man den Wind mit seinem Rücken etwas abschirmen, damit auch hier die Flugbahn nicht negativ beeinflusst werden kann. Kommt der Wind von vorne, so kann die Scheibe ungewollt nah an den Körper fliegen. Kommt der Wind von links oder rechts, so wird die Scheibe schwer nur von unten nach oben schweben können.

Häufige Fehler:

- **1. Die Scheibe fliegt schräg:**
  Wurde die Scheibe nicht waagerecht losgelassen, so kann sie schräg fliegen.
- **2. Die Scheibe fliegt zu weit:**
  Die Umsetzung der Technik wurde mit zu viel Kraft ausgeführt.
- **3. Die Scheibe fliegt viel zu hoch:**
  Die Scheibe wurde zu spät losgelassen oder die Aufwärtsbewegung des Arms wurde übertrieben.
- **4. Die Scheibe schwebt zu nah am Körper:**
  Der Arm ist zu sehr angewinkelt und die Bewegung wurde nicht sauber ausgeführt.
- **5. Die Scheibe wackelt stark:**
  Die Umsetzung der richtigen Bewegung wurde mit zu wenig Kraft ausgeführt (anfangs ist dies nicht schlimm), somit fehlt es der Scheibe an genügend Rotation für ein stabiles Schweben.

Die Rückhand/Backhand

Die Rückhand ist DER Basiswurf überhaupt und wer vorher schon einmal eine Flugscheibe in der Hand hatte, der hat mit großer Wahrscheinlichkeit eine Rückhand geworfen. Auch bekannt als Baggerseewurf ist dies die intuitivste Form, die Scheibe von A nach B zu werfen. Wer diesen Wurf sicher beherrscht und dazu noch die Weite des Wurfes durch das optimale Dosieren der Kraft gut einschätzen und beeinflussen kann, der hat fast alle Voraussetzungen, diesen Wurf nun auch mit dem Hund auszuprobieren. Wer jedoch eher zufällig die richtige Wurftechnik verwendet hat liest im Folgenden, worauf bei diesem Wurf zu achten ist.

Die Schultern bilden mit dem Wurfarm eine Linie zum Ziel.

Die Scheibe sollte beim Abwurf etwa einen Winkel von 45° haben. Nach Abwurf stabilisiert sich die Scheibe während des Fluges in der Luft.

Die Finger greifen in den Rand, der Zeigefinger liegt entlang dem Rand.

Der Daumen liegt auf der oberen Seite der Scheibe.

Die Scheibe sollte gut in der Hand liegen und dabei nicht zu fest oder zu locker gehalten werden.

Scheibenhaltung

Der Daumen liegt auf der oberen Seite der Scheibe, auf den Scheibenrillen ruhend. Die Finger greifen in den Rand, der Zeigefinger liegt entlang dem Rand oder der erste Knöchel des Zeigefingers um den Rand.

Körperhaltung

Die Schultern und Hüfte des Werfers bilden mit dem Wurfarm eine Linie zum Ziel. Die Knie sind locker und leicht angewinkelt.

Wurftechnik

Die Scheibe wird von der linken Seite des Körpers am Körper vorbei in einer Linie geschwungen. Dabei wird während der Bewegung der Ellenbogen angewinkelt und die Scheibe wird an den Unterarm gelegt, um ihr möglichst viel Schwung aus der Armbewegung und Rotation aus dem Handgelenk zu geben.

Die Scheibe sollte beim Abwurf etwa einen Winkel von 45° haben (nach innen/unten hängen lassen, siehe Abb. Rückhand 2, S. 41), damit sie sich dann im Flug stabilisieren kann und waagerecht fliegt. Dies gilt für alle, die diesen Wurf erst erlernen.

Je mehr Routine der Werfer entwickelt, desto mehr kann er individuell den Scheibenwinkel beim Abwurf wählen, so dass er die Scheibe dann in einer schönen Geraden werfen kann. Die Distanz des Wurfes wird durch eine schnelle Armbewegung und viel Rotation aus dem Handgelenk beeinflusst. Je mehr Technik in Kombination mit Kraft, desto weiter fliegt die Scheibe.

Inside: Beim sogenannten Insidewurf fliegt die Scheibe in einer Rechtskurve.

Outside: Im Gegensatz dazu fliegt die Scheibe beim sogenannten Outside eine Linkskurve.

Der Anfänger wirft in der Regel immer einen Inside, da er seine Arm- und Handgelenkstechnik noch nicht so einsetzen kann, um die Scheibe im Außenwinkel sauber werfen zu können. Erst durch das Erlernen der Technik entwickelt der Werfer ein besseres Verständnis für die unterschiedlichen möglichen Flugbahnen. Je nach Position des Hundes im Spiel kann es sich anbieten, einen Outside zu werfen. Dies ist jedoch eher etwas für Fortgeschrittene. Durch ein so angepasstes Werfen kann man die Flugbahn der Scheibe noch optimaler für den Hund gestalten und somit die Fangquote erhöhen. Je nach dem, in welchem Moment die Scheibe die Hand verlässt, kann die Flugrichtung beeinflusst werden. Bei früherem Loslassen der Scheibe wird diese links der Blickrichtung fliegen, verlässt sie die Hand später wird sie eher nach rechts fliegen. Wenn man sich dessen bewusst ist, kann dies gezielt einsetzt werden.

Die Rückhand kann sowohl in einer Innenkurve (Inside) als auch in einer Außenkurve (Outside) geworfen werden.

Windbox

- Die Rückhand wird am besten quer zum Wind geworfen.
  ACHTUNG: Wird in den Wind geworfen, kann die Scheibe abrupt Auftrieb bekommen und der Hund könnte sich beim Versuch, diese trotzdem zu fangen überstrecken und unglücklich landen.
  Auch mit dem Wind sollte man nicht werfen, da hierbei die Scheibe vom Wind in Richtung Boden gedrückt werden kann. Ein Fangerfolg ist auch hier nicht möglich. Fortgeschrittene Werfer können den Wind auch nutzen, um so weitere Distanzen zu erreichen.

Häufige Fehler:

1. Das Handgelenk wird gedreht:
Besonders beim Versuch, auf lange Distanz zu werfen kommt es oft zu Handgelenksrotationen. Das bedeutet, der Werfer dreht beim Loslassen sein Handgelenk wie einen Kugelkopf. Dies gilt es zu vermeiden. Das Handgelenk sollte nur wie ein Türscharnier vor und zurück bewegt werden. In den meisten Fällen raten wir hierbei zum Werfen kürzerer Distanzen, um diese Technik optimal umzusetzen. Je besser es klappt, desto weiter kann man werfen.

2. Es wird von unten nach oben geworfen:
Viele Anfängerwerfer glauben, dass die Scheibe nur dann fliegen kann, wenn diese bewusst nach oben geworfen wird. Dies ist ein Trugschluss. Wirft man die Scheibe von unten nach oben, so kann diese gefährlich weit aufsteigen, abkippen und zu Boden knallen. Dies macht das Fangen für den Hund gefährlich oder unmöglich.
Eine gerade Armhaltung sorgt für eine gute und gerade Flugbahn der Scheibe.

3. Es wird von oben nach unten geworfen:
Ein anderes Extrem ist das Werfen von oben nach unten. Hierbei glaubt der ungeübte Werfer, dass die Scheibe so sehr flach fliegt, damit der Hund sich nicht durch spektakuläre Fangmanöver verletzen kann. Leider bewirkt diese Technik meist nur, dass dem Hund das Fangen komplett unmöglich gemacht wird, da die Scheibe eigentlich nur im Rasen landet. Auch hier gilt wieder, die Scheibe für eine optimale Flugbahn in einer Geraden zu werfen.

4. Es wird zu früh/zu spät geworfen:
Verlässt die Scheibe die Hand des Werfers zu früh, dann wird sie links von der gewünschten Zielrichtung landen. Wird die Scheibe zu spät losgelassen, landet sie zu weit rechts. Beides gilt es zu vermeiden, da der Hund ansonsten weniger Erfolg beim Fangen dieser Würfe hat.

Das Handgelenk soll wie ein Scharnier bewegt werden.

4

Basisarbeit mit dem Hund

- *Interesse wecken*
- *Motivieren*
- *Kontrolle*
- *Apportieren*

Eine gute Basisarbeit ist unabdinglich, wenn man ein erfolgreiches Spiel als Ziel hat. Darum empfehlen wir, dieses Kapitel besonders gründlich zu lesen und unseren Erfahrungswerten zu vertrauen. Wenn die Basis stimmt, kommt man beim späteren Spiel mit der Scheibe besser und erfolgreicher voran, als wenn man gleich versucht, mit Hund und Scheibe zu spielen.

Interesse wecken

Damit der Hund die Scheibe als etwas Positives sieht, kann man ihn bereits als Welpe aus der Scheibe füttern. Mit Rollern kann man den Junghund auf das Spiel vorbereiten und seinen Beutetrieb auf die Scheibe wecken. Jedoch sollte man mit dem Fangen aus der Luft warten, bis der Hund ausgewachsen ist.

Um bei einem ausgewachsenen Hund zu testen, wie er auf die Scheibe reagiert, lassen wir diese über den Boden/Rasen rollen. Rennt er sofort hinter dem Roller her und nimmt ihn vielleicht sogar gleich vom Boden auf, ist die Basis vorhanden. Eine weitere Methode, um das Interesse für die Scheibe zu wecken ist das Hin- und Herwerfen der Scheibe zwischen zwei Menschen. Wird der Hund hierbei auf die fliegende Scheibe aufmerksam wird er gelobt und in das Spiel eingebracht, indem man für ihn einen Roller wirft.

Mit einem Junghund lässt sich beispielsweise durch Tauziehen Motivation und Interesse für das Spiel bei und mit dem Menschen wecken.

Motivieren

Um die Motivation des Hundes zu fördern, wird die Scheibe geschickt über den Boden gezogen, jedoch dabei immer so vom Hund fern gehalten, dass es für ihn interessant bleibt (Imitation von Beute, unterstützt durch motivierende Geräusche).
Zeigt der Hund Interesse, so lässt man den Hund in die »Beute« beißen und an dieser zerren. Hierbei wird die Scheibe jedoch nicht losgelassen, sondern erstmal damit taugezogen. Man sollte mit diesem Zerrspiel erst beginnen, wenn der Hund sich nicht mehr in der Zahnungsphase befindet, um Verletzungen im empfindlichen Maulbereich zu vermeiden, die dem Hund den Spaß am Spiel nehmen könnten.
Je nach Motivation und Trieb des Hundes sollte das Gegenhalten angepasst werden. Bei einem triebschwachen Hund kann man das Tauziehen/Zerren kontinuierlich steigern. Bei einem triebstarken Hund hingegen sollte man eher ruhiger zerren, damit der Trieb nicht zu sehr ansteigt. Natürlich ist ein kontrolliertes Auslassen des Spielzeugs oder der Scheibe genauso wichtig. Mehr dazu im nächsten Abschnitt.

Der nächste Schritt ist es, die Scheibe auch einmal loszulassen. Damit der Vierbeiner nun nicht mit dieser stiften geht, wird er vorerst an die Leine genommen.

Damit der Vierbeiner nicht mit der Scheibe stiften geht, wird er vorerst an die Leine genommen.

Wichtig!

- Das Spiel beginnt und beendet immer der Mensch und nicht der Hund!
- Durch das Motivieren mit dem Zerrspiel um die Scheibe verknüpft der Hund, dass der Spaß bei seinem Menschen stattfindet und nicht alleine durch das Rollen und Werfen der Scheibe vom Menschen weg. Dies ist sehr hilfreich für die Apportierarbeit und die Bindung im Spiel.

Kontrolle

Während der Motivation/des Tauziehens sollte man die Kontrolle gerade bei sehr triebstarken Hunden über das »Aus« etablieren. Bei einem »Aus« lässt der Hund die Scheibe los, darf sie dann zur Belohnung gleich wieder nehmen (Kommando z. B. »nimms«).

Im Gegensatz zur Motivation, bei der die Scheibe lebendig und geräuschvoll dargestellt wird, ist beim »Aus« die Scheibe ruhig/leblos. Jede Bewegung würde die Beute wieder zum Leben erwecken.

Eine weitere Methode, um das »Aus« zu etablieren und auch die Vorstufe für das Spiel mit mehreren Scheiben ist das Tauschen. Hierbei wird der Hund für das Loslassen der ersten Scheibe mit dem Hineinbeißen in die zweite belohnt und umgekehrt. Nun lassen wir die Scheibe im Hundemaul außer Acht und machen die Scheibe in unserer Hand durch eine dynamische Auf- und Abwärtsbewegung interessant! Es empfiehlt sich, das »Aus«-Kommando mit dieser Handbewegung zu verknüpfen, um es später auch auf Distanz einsetzen zu können.

Auch wenn der Sport an jeden Hund angepasst werden kann, empfiehlt es sich nicht, bei nervösen Hunden schneller oder hektisch zu spielen. Da der Mensch die »Jagd« bestimmt, sollte er auch seinem Hund ein ruhiges Spiel vermitteln, um konzentriert und sicher zusammenarbeiten zu können.

Kommandovorschläge:

→ Mit Hilfe verschiedener Kommandos und Handzeichenkombinationen kommt mehr Ruhe in den Ablauf. »Sitz«, »Warte«, »Nimms« können beispielsweise sehr hilfreich sein.

Mit einer zweiten Scheibe wird das Interesse des Hundes von der ersten abgelenkt.

»Warte«-Kommando durch Handzeichen.

Denken Sie immer daran: »In der Ruhe liegt die Kraft«. Eine kontrollierte Abfolge von Lernschritten hilft dem Hund, sich an den Bewegungsablauf zu gewöhnen. Wird bewusst darauf geachtet was man sagt (welche Kommandos verwendet werden) und wie man mit dem Körper zusätzlich auf den Ablauf einwirkt und mit dem Hund kommuniziert, wird schneller ein flüssiger und sicherer Bewegungsablauf erfolgen.

Frust und Triebstau

- Ein nicht seltenes Phänomen ist gerade bei Anfängerteams, dass einfach zu lange schlecht geworfen wird. Der Hund hat oft nur in Glücksfällen die Möglichkeit, die Scheibe wirklich aus der Luft zu fangen. Dabei kann für den Hund Frust entstehen, der sich unterschiedlich äußern kann. Es gibt Hunde, die anfangs noch viel Spaß am Spiel mit der Scheibe hatten, aber so wenige Erfolgserlebnisse, dass sie die Scheibe irgendwann ignorieren oder nicht mehr apportieren. Andere Hunde verfallen in ein andauerndes Bellen oder springen an ihrem Herrchen herum, auch das ist ein Zeichen von Frust. Sie haben zwar große Lust am Spiel, verstehen aber die Körpersprache ihres Herrchens oder Frauchens nicht und verfallen in ein Dauerkläffen.

- Um jede Form von Übersprung oder Frust von Anfang an zu vermeiden, gehen Sie Schritt für Schritt vor. Wenn Sie die hier vorgestellte Herangehensweise verfolgen, werden Sie das richtige Verständnis entwickeln und zu einem richtig tollen Team werden, das sich auch ohne viele Kommandos durch die gegenseitige Körpersprache zu verstehen lernt!

Dauerkläffen kann ein Zeichen von Frust sein.

Apportieren

Im Dog-Frisbee-Sport ist es unabdingbar, dass der Hund die Scheibe nach dem Fangen so lange im Maul behält, bis er beim Menschen angekommen ist oder dieser ihm das Kommando zum Auslassen gibt. Um diesen Vorgang beim Spiel mit der Scheibe zu etablieren, ist es vorteilhaft, wenn Ihr Hund bereits apportieren kann.

Um ein zuverlässiges Apportierverhalten aufzubauen sollte der Hund lernen, dass das gemeinsame Tauziehen um die Scheibe nur direkt mit dem Herrchen/Frauchen in unmittelbarer Nähe Sinn und vor allem Spaß macht. Hunde, die die Scheibe nicht direkt zurückbringen wollen oder gar nicht mit der Scheibe zurückkommen, sollten vorerst mit einer langen Leine kontrolliert werden. Hierbei ist es anfangs nicht nötig, Roller oder Würfe zu versuchen. Sie sollten ausschließlich tauziehen.

An einer langen Leine kann der Hund nicht mit der Scheibe davonlaufen.

Durch verbale und körperliche Motivation wird der Hund animiert, mit der Scheibe zurückzukommen. Kommt er dabei noch nicht zuverlässig, kann man ihn durch Rückwärtslaufen und leichtes An-sich-Heranführen mit der Leine zum Herankommen motivieren. Gern kann man hierbei seine Stimme als zusätzliche Motivation einsetzen. Freudige, hohe Töne vermitteln dem Hund, dass es toll ist, wenn er in unsere Nähe kommt. Will der Hund allerdings lieber mit der Scheibe stiften gehen, hilft eine eher feste und tiefe Stimme zum Korrigieren seiner Entscheidung.

Kommt der Hund auf den Werfer zu, traut sich aber nicht unmittelbar an ihn heran hilft es, sich zusätzlich klein zu machen.

Führen Sie den Hund mit der Leine zu sich heran. Dabei kann die Leine zwar leicht gespannt sein, Sie sollten aber nicht an der Leine zerren, sondern den Hund nur leicht zu sich heranführen.

Durch freundliche, motivierende Geräusch kann der menschliche Spielpartner die Aufmerksamkeit noch weiter steigern.

Die Körpersprache

➜ Signale, die vom Körper ausgehen, werden vom Hund blitzschnell erkannt, darum empfiehlt es sich, diese ganz bewusst einzusetzen und somit eine optimale Kommunikation führen zu können. Zusammen mit verbalen Kommandos kann man verständlich und klar ausdrücken, was man vom Hund verlangt und was er zu lassen hat.

Das Spiel mit dem Hund soll harmonisch, flüssig und ohne große Unterbrechen stattfinden. Daher empfiehlt es sich, vor dem Training mit dem Hund alle Wurftechniken solange zu üben (optimalerweise mit einem Wurfpartner), bis die Scheiben exakt dort hin fliegen, wo sie sollen. Der Hund kann nur so gut fangen, wie der Teampartner Mensch die Würfe platzieren kann. Ein Hund, der kein Erfolgserlebnis hat, indem er geworfene oder gerollte Scheiben erreichen kann oder die Scheibe erst bekommt, nachdem sie bewegungslos am Boden liegt, kann schnell frustriert sein und das Spiel abbrechen. Dann widmet er sich möglicherweise interessanteren und erfolgversprechenden Aktivitäten. Dies kann sich darin äußern, dass der Hund schnuppert, auf dem Boden herumrollt, bellt oder andere Übersprungshandlungen zeigt.

5

Grundwurftechniken mit dem Hund

- Der Roller
- Der Floater/Heber
- Die Rückhand
- Speedflow

Der Roller

Es muss nicht immer eine fliegende Scheibe sein, um den Hund zu begeistern.

Bewegungsablauf für einen Hund, der das Kommando »Rum« schon beherrscht.

Tipp

→ Wie schon im Kapitel 2 beschrieben sollte der Hund leicht aufgewärmt sein, bevor es richtig los geht. Optimal ist es also, direkt mit dem Roller einzusteigen.

Positionierung von Mensch und Hund

Beim Roller mit dem Hund sollte der Hund die Scheibe immer vor sich her rollen sehen, damit er dieser bestmöglich nachjagen und sie aufnehmen kann, ohne Haken schlagen, sich verbiegen oder sich überstrecken zu müssen. Dazu ist es sehr hilfreich, den Hund um sich herum laufen zu lassen, damit er dann einen Blitzstart in Richtung der Scheibe hinlegen kann.

Für den optimalen Blitzstart sollte der Hund um den Werfer herumlaufen. Dies kann man mit einer einfachen Handbewegung etablieren. Es erhöht die Erfolgschance des Hundes, die Scheibe vom Boden aufnehmen zu können.

Dieses »Rum« sollte fest etabliert werden, damit der Hund diese Bewegung automatisch macht und so in der richtigen Position ist, wenn er der Scheibe nachjagt. Der Ablauf kann durch eine leichte Handbewegung mit der Scheibe verknüpft werden.

Sollte der Hund die Bewegung nicht verstehen, bzw. das Herumlaufen noch nicht können, locken wir den Hund mit der Scheibe um uns herum, bis der Hund die perfekte Position zum Loslaufen erreicht hat. Erst dann wird die Scheibe gerollt.

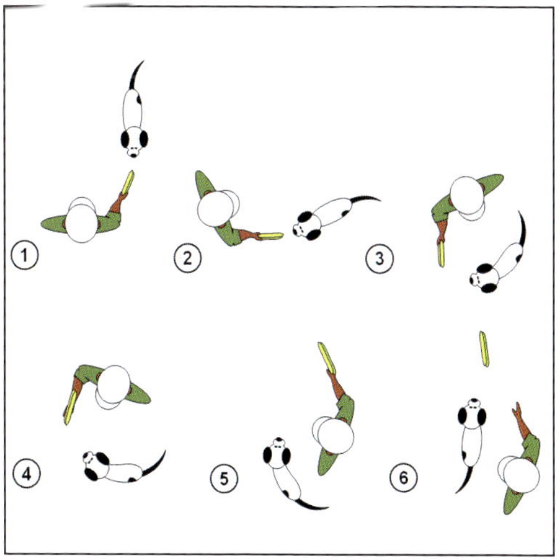

Bewegungsablauf für einen Hund, der das Kommando »Rum« erlernt.

Hier sieht man das einfachere Herumlocken des Hundes mittels der Scheibe zum Etablieren des »Rum«. Dabei dreht sich der Mensch einmal komplett um sich selbst und lockt den Hund mit der Scheibe hinter sich her. Beim Erreichen der idealen Blitzstartposition kann dann der Roller für den Hund optimal sichtbar geworfen werden. Der Bewegungsablauf sollte trainiert werden, bis dem Hund das Kommando vertraut ist und er auch ohne die Unterstützung der Scheibe um den Werfer herumläuft, um dann zu starten.

Die Scheibe wird so um den Werfer herumgeführt, dass der Hund versucht, sie zu bekommen, sie aber nicht erreichen kann.

Die Scheibe wird so platziert, dass der Hund sie im Davonrollen sehen kann.

Timing

Um den Zeitpunkt, in dem die Scheibe die Hand verlassen sollte, noch besser einschätzen zu können, sollte immer aus dem Augenwinkel darauf geachtet werden, ob der Hund sich in der richtigen Position befindet und wie schnell er hinter uns herum gelaufen ist. Somit können wir die Geschwindigkeit der Scheibe der Geschwindigkeit des Hundes anpassen und erhöhen damit die Scheibenfangquote bzw. finden das Tempo unseres Hundes und somit das perfekte Timing heraus.

Der Floater/Heber

Positionierung von Mensch und Hund

Beim Heber befindet sich der Hund links vom Werfer. (Für Linkshänder befindet sich der Hund rechts vom Werfer). Die Schultern des Werfers sollten dabei parallel zum Hunderücken ausgerichtet werden. Vorerst sollte der Hund dann ins Sitz oder Platz gebracht werden, um den Heber in Ruhe vorbereiten zu können. Beachten Sie, dass beim Heber die Scheibe nur von unten nach oben schwebt!

Auch diesen Bewegungsablauf sollten Sie ohne Hund ausreichend geübt haben, um dem Hund das Fangen der Scheiben durch geglückte Würfe möglichst oft zu ermöglichen.

Der Heber.

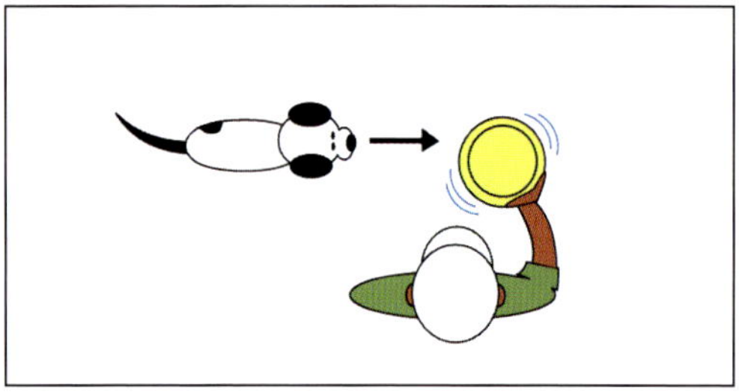

Der Hund wird links von uns platziert und fängt vor uns die gehobene Scheibe.

Wichtig!

→ Aus dem Lauf sollte der Heber vorerst nicht gemacht werden! Die Scheibe sollte erstmals aus der Hocke/aus dem Sitzen geworfen werden, damit der Hund anfangs nicht springen oder sich nach der Scheibe strecken muss. Im Optimalfall nimmt er die Scheibe im Lauf auf. Es sollte darauf geachtet werden, dass der Heber nur nach oben schwebt und in keinem Fall auf das Hundemaul geworfen wird.

Timing

Wenn man seine Position eingenommen hat und sich auch der Hund in seiner Ausgangsposition befindet, kann man den Hund zuerst einmal mit der ausgestreckten linken Hand und dem Arm (rechten Hand bei Linkshändern) das Warten signalisieren und mit dem »Warte«-Kommando auf Abstand halten. Wenn man die Wurfhand ausgerichtet hat und bereit ist, den Heber zu machen, kann man den Arm herunter nehmen und den Hund mit dem Kommando »nimms« zum Fangen der Scheibe auffordern. Hat der Hund den Heber gefangen, lobt man ihn dafür und kann den Ablauf dann wiederholen.

Für Hunde, die die Scheibe noch nicht aus der Luft fangen können ist es nicht zu empfehlen, weite Distanzen zu werfen. Beim Heber führen wir den Hund langsam an das erfolgreiche Fangen der Scheibe aus der Luft heran. Wir positionieren den Hund links vor uns, sodass der Hund den Heber in Laufrichtung fangen kann. Dabei springt er vor uns von links nach rechts und nimmt dabei die Scheibe auf (bei Linkshändern von rechts nach links). Sollte der Hund kein Interesse daran haben, die vor ihm hochfliegende Scheibe zu fangen, so sollte er erst wieder durch Tauziehen dazu motiviert werden, in die Scheibe zu beißen. Wartet der Hund ab, bis die Scheibe im Gras liegt bevor er sie aufnimmt, sollte man ihm nicht die Chance geben, sie vom Boden zu nehmen, damit er versteht, dass die Scheibe nur dann für ihn erreichbar ist, wenn er sie aus der Luft fängt. Ein kurzes Tauziehen und ein unmittelbar folgender Heber führen dabei in den meisten Fällen schnell zum Erfolg.

Vorerst sollte der Heber nicht aus dem Stand, sondern aus der Hocke geübt werden, da es wichtig ist, dass die Scheibe flach und sauber fliegt, sodass der Hund eine optimale Chance hat, diese zu bekommen. Für den Anfängerhund ist es außerdem einfacher, eine aufsteigende als eine fallende Scheibe zu fangen.

Der Hund sollte maximal 1 m vom Werfer entfernt positioniert werden. Sitzen, stehen oder liegen ist hierbei egal, er sollte nur in einer Position verharren, bis er auf das Kommando, z. B. »nimms«, nach der Scheibe schnappen darf.

Die Rückhand/Backhand

Die Rückhand. Die Schultern des Werfers sind parallel zum Hunderücken.

Mittlere Distanz: Positionierung von Mensch und Hund

Für Hunde, die den Heber gerade erst gelernt haben empfiehlt es sich, die Rückhanddistanzen noch kurz zu halten, sprich eine Mischung aus Heber und Rückhand zu werfen. Dabei wird der Hund wie beim Heber links vor dem Werfer platziert und aus der Heberbewegung wird eine Rückhand mit 1 bis 2 m Distanz. Auch hier wird sich wie beim Heber ausgerichtet. Die Schultern des Werfers sind parallel zum Hunderücken.

Der Hund wird langsam an große Distanzen herangeführt.

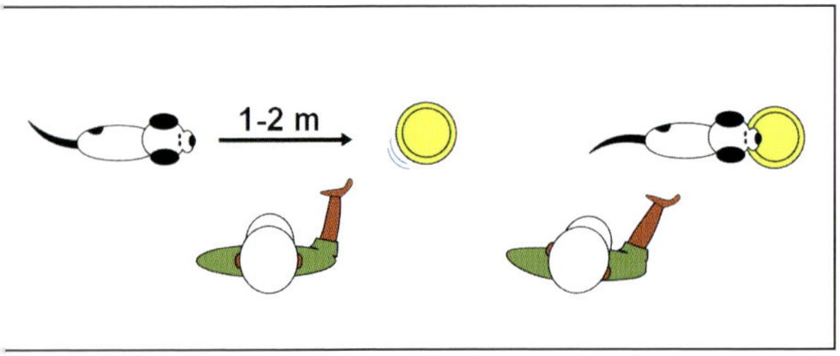

Der Hund wird rechts vom Werfer in einer Distanz von 1 bis 2 m platziert, damit er aus dem Laufen oder Rennen die Scheibe vor dem Werfer fangen und rechts vom Werfer landen und den Schwung auslaufen kann.

Die Weite kann mit der Zeit vergrößert werden. Sobald der Hund das optimale Fangen aus der Luft und der Werfer das richtige Timing für die Platzierung des Wurfes bestimmen kann, ist eine größere Distanz kein Problem.

Lange Distanz: Positionierung von Mensch und Hund

Vermag der Hund die Scheibe bereits aus der Luft zu fangen ist es wiederum sehr hilfreich, den Hund um sich herum laufen zu lassen, damit er dann einen Blitzstart in Richtung der Scheibe hinlegen kann. Dies erhöht seine Erfolgschance, die Scheibe in der Luft zu fangen.

Hund beim Blitzstart auf einen langen Rückhandwurf.

Timing

Auch hier ist der Zeitpunkt, in dem die Scheibe die Hand verlassen sollte, leichter einzuschätzen, wenn aus dem Augenwinkel darauf geachtet wird, ob der Hund sich in der richtigen Position befindet und wie schnell er hinter uns herum gelaufen ist. Somit kann der Werfer die Geschwindigkeit der Scheibe der Geschwindigkeit des Hundes anpassen und erhöht damit die Scheibenfangquote bzw. findet das Tempo seines Hundes und somit das perfekte Timing heraus.

Um dem Hund den Ablauf noch zu vereinfachen, können wir eine Schrittfolge hinzufügen. Hierbei gibt der Werfer dem Hund mit der rechten Hand, in der sich die Scheibe befindet, das Signal für »Rum« und macht gleichzeitig mit dem rechten Bein einen Schritt nach hinten. Sobald sich der Hund dann auf Höhe der rechten Schulter befindet, macht der Werfer einen weiteren Schritt mit dem rechten Bein nach vorne, um so den Hund von links nach rechts an sich vorbei laufen zu lassen und die Scheibe hierbei passend in den Lauf des Hundes zu werfen.

Speedflow

Um das Teamwerden zwischen Mensch und Hund noch zu verbessern ist es wichtig, den Fluss zwischen Werfen, Fangen und Bringen zu perfektionieren. Eine gute Übung hierfür ist der so genannte Speedflow. Dabei handelt es sich um eine schnell fließende Wurfabfolge.

Hierbei wird mit zwei Scheiben gespielt und die Rückhand geworfen. Sobald der Hund die erste Scheibe bis auf 2 m an uns herangebracht hat, wird die zweite Scheibe für das Auslassen gezeigt bzw. das Handsignal für das »Aus« gegeben (siehe auch Kapitel 4 »Apportieren«). Lässt nun der Hund die Scheibe fallen, wird mit der zweiten Scheibe das »Rum« signalisiert und diese dann geworfen. Nun hebt man die erste Scheibe vom Boden auf und der vorangegangene Ablauf von Werfen und Bringen wird wiederholt.

6 Grundwurftechniken mit mehreren Scheiben

- Scheibenhandling
- Scheibenmanagement
- Rückhandvariationen
- Erster Over/Körperübersprung

Scheibenhandling

Spiel mit mehreren Scheiben.

Ab einer Scheibenmenge von drei Stück ist es hilfreich, diese in einer gut geeigneten Form in der Hand zu halten. Die Scheiben werden so in sich gefächert, dass sie übereinander und ihre Ränder ineinander liegen und alle Scheiben zwischen Zeigefinger und Daumen gehalten werden können. Beim Werfen wird dann immer die unterste Scheibe aus dem Fächer gezogen.

Zum leichten Halten mehrerer Scheiben werden diese ineinander gefächert.

Scheibenmanagement

Das sogenannte Scheiben- oder Discmanagement bezieht sich auf die Handhabung der im Spiel befindlichen Scheiben. Bei zwei Scheiben ist das relativ einfach. Eine Scheibe wird geworfen, der Hund bringt diese zurück und man wirft ihm die zweite. In der Zeit, in der er der zweiten Disc hinterher jagt, kann man die am Boden liegende Scheibe wieder aufnehmen und wenn der Hund zurück ist, wird wieder geworfen. Ein einfacher Ablauf, der das Spiel flüssig macht (speedflow).

Bei mehreren, beispielsweise fünf Scheiben, mit denen man optimal ein »Around the world« spielen kann, sollte man, um den Fluss zu erhalten, immer die letzte Scheibe auf Distanz werfen und die Zeit, in der der Hund diesem langen Wurf nachjagt, die anderen vier im Kreis liegenden Scheiben sammeln. Dies hat den Vorteil, dass der Spielfluss nicht unterbrochen wird und der Hund immer in Bewegung bleibt. Mehr dazu finden Sie in diesem Kapitel unter »Around the World« auf Seite 73.

Rückhandvariationen

Es gibt unzählige Wurfvariationen der Rückhand. Hier möchten wir nun einige der gängigsten erklären. Wichtig ist natürlich, dass die Rückhand mittlerweile optimal geworfen wird und die Technik dahinter zur Routine geworden ist. Dann sollte eine Umsetzung der folgenden Variationen recht leicht von der Hand gehen.

»Behind the back«

Hier ist der so genannte »Behind the back throw« (Hinter-dem-Rücken-Wurf) zu erkennen. Bei diesem Wurf wird die Scheibe, wie der Name schon sagt, hinter dem Rücken herum geworfen. Hilfreich ist es, wenn man diesen Wurf aus der Bewegung macht, einen Schritt nach vorne geht und dabei den Schwung über die Arme mitnimmt.

Ein stabiler Stand und der richtige Winkel der Scheibe beim Loslassen sind entscheidend für ein gutes Gelingen dieses Wurfes. Sie sollten dabei nicht ins Hohlkreuz gehen, sondern mit dem Rücken eine Barriere für den Arm bilden.

Der »Behind the back« in Frontalansicht.

Der »Behind the back« in Seitenansicht.

2

3

2

3

Der »Chair« wird um die angewinkelten Beine herum geworfen.

»Chair«

Beim so genannten »Chair« (Hockwurf) wird die Scheibe um die angewinkelten Beine herum aus der Hocke geworfen. Die Kniekehlen dienen hierbei dem Wurfarm als Barriere. Mit der richtigen Menge an Schwung und Rotation wird die Scheibe neben dem Knie losgelassen.

Wichtig!

Vor dem Spiel sollte nicht nur der Hund warmgemacht werden, auch der Mensch, der sich sportlich betätigt, sollte seinen Kreislauf in Schwung bringen und die Muskulatur lockern und dehnen, damit es nicht zu Muskelkater oder Zerrungen kommt. Laufen und lockeres Stretching können schon helfen.

Das Schwungholen ist entscheidend für ein gutes Gelingen des »Chairs«.

»Under the leg«: Varianten.

»Under the leg«

Hier sind drei »Under the leg«- oder Unter-dem-Bein-Variationen zu sehen. Einmal wirft man die Rückhand unter dem Bein heraus, indem man einen Schritt nach vorne macht und mit dem Schwung aus der Bewegung dann die Scheibe aus der Kniekehle des vorderen Beines wirft. In Bild zwei wird zusätzlich das hintere Bein in die Luft gehoben. Diese Variante nennt sich »Flamingo«. Bild drei zeigt die Rückhand geworfen von innen nach außen unter dem linken ausgestrecktem Bein.

»Under the leg« in Seitansicht.

»Under the leg« in Frontalansicht.

»Around the world«

Basierend auf einem guten Fangen des Hebers und einem kontrollieren »Aus« können nun mehrere Scheiben hintereinander geworfen und gefangen werden.
Dabei sollte der Hund aus der Grundposition (der Hund sitzt oder steht wartend links neben dem Werfer) auf ein Startkommando, z. B. »Okay« oder »Auf geht's« von links nach rechts am Werfer vorbei laufen.

Hier wird »Around the world« mit fünf Scheiben illustriert. Bild 1 zeigt den Werfer beim Wurf von Scheibe 1. Die restlichen Scheiben hat er in seiner linken Hand. Auf Bild 2 ist der Werfer dabei, die vierte Scheibe zu werfen. Die bereits geworfenen Scheiben liegen in gleichmäßigem Abstand um den Werfer herum. Dieser dreht sich mit jedem Wurf in Laufrichtung des Hundes mit.

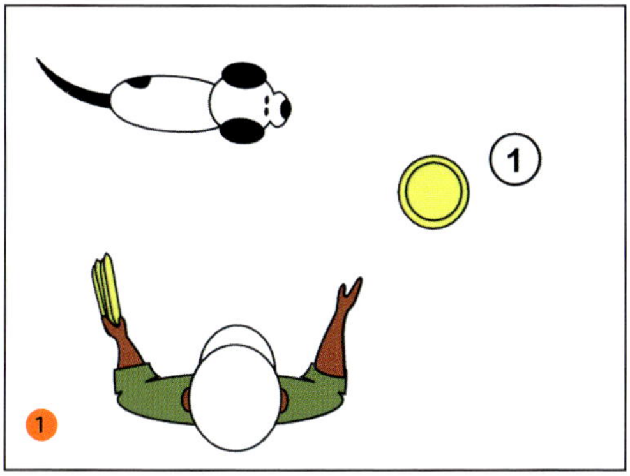

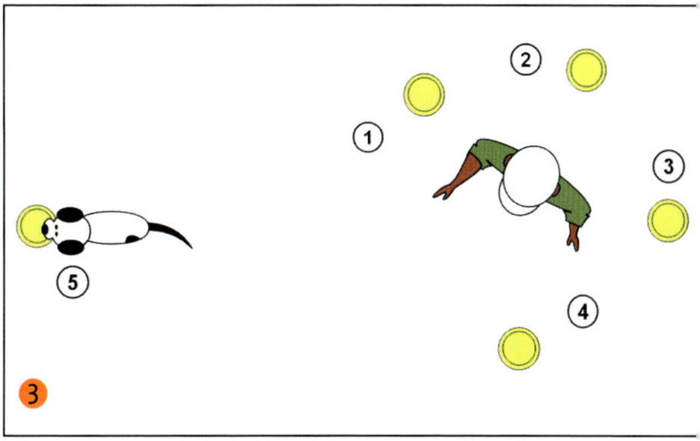

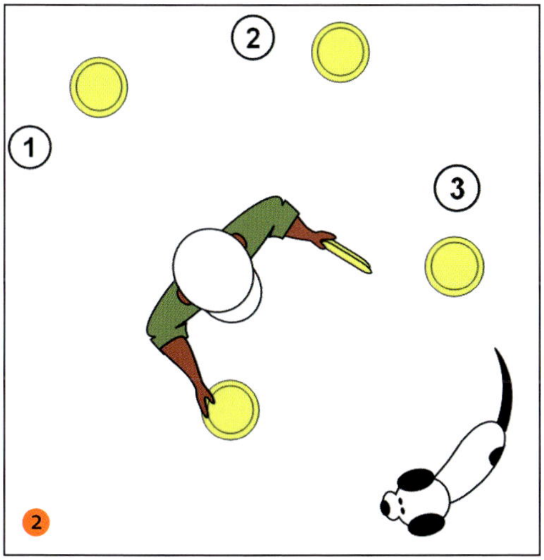

Hier in Bild 3 sieht man, dass die letzte, fünfte Scheibe geworfen wurde. Diese fliegt weiter als die ersten vier, damit der Werfer Zeit hat, die vier kurz geworfenen Scheiben wieder aufzusammeln. Nach jeder gefangenen Scheibe richtet sich der Werfer immer mit dem Oberkörper in Laufrichtung des Hundes aus, sprich er dreht sich im Uhrzeigersinn mit (Linkshänder drehen sich gegen den Uhrzeigersinn und richten ihren Hund rechts aus). Wichtig ist, dass der Werfer und der Hund immer sauber positioniert sind, bevor die nächste Scheibe geworfen wird, weil der Hund sich sonst überstrecken muss oder aber die Scheibe evtl. gar nicht sieht und sie somit nicht fangen kann.

Wichtig!

Es kommt bei dieser Übung häufig vor, dass sich gerade zu Anfang eine Art Hektik entwickelt, da der Hund relativ nah beim Werfer ist, man auf ein sauberes Werfen achten muss und man die vielen Scheiben natürlich auch gut händeln sollte.
Wichtig ist gerade bei sehr triebstarken Hunden, die ihren Besitzer in Hektik bringen können, die Ruhe zu bewahren und nicht auf das Fordern des Hundes einzugehen und plötzlich immer schneller zu spielen. Man sollte nicht in ein »Bedienen« des Hundes verfallen, nur weil er eben so nah ist und auf die nächste geworfene Scheibe wartet.
Wenn man die Grundkommandos und das richtige Positionieren beherrscht, kann man das »Around the world« auch in einer besonders ruhigen und langsamen Form üben. Das bringt Ruhe ins Spiel, der Hund merkt, dass ein Aufdrängen nichts bringt und konzentriert sich dann besser auf die saubere Ausführung.

Nicht vergessen:
Beim »Around the world« mit 5/7 Scheiben daran denken, dass immer 4/6 kurze Würfe gemacht werden und dann die verbleibende 5./7. Scheibe weit geworfen wird. Die kurzen Würfe sollten zunächst im Radius von 1 bis 2 m geworfen werden. Je sicherer man im Fluss ist, desto größer kann der Abstand werden.

Erster Over/Körperübersprung

Der Over über die Beine.

Wenn wir hier von Overs oder Körperübersprüngen sprechen, meinen wir diese erstmal aus der Sitzposition heraus. Der einfachste, aber trotzdem schön anzusehende Körperübersprung ist der Over über die Beine. Dabei sitzt der Mensch mit parallel ausgestreckten Beinen auf dem Boden und positioniert seinen Hund wie beim Heber gelernt links von sich (bei Linkshändern rechts von sich). Der Hunderücken ist dabei im rechten Winkel zu den Beinen ausgerichtet. Durch das Ausstrecken des linken Armes halten wir den Hund zuerst einmal auf Abstand, um die Scheibe neben uns auf den Boden zu legen (bei Rechtshändern rechts, bei Linkshändern links) und als Heber aufsteigen zu lassen. Wichtig ist, dass der Heber nicht direkt über den Beinen geworfen wird, sondern neben den Beinen aufsteigt, sonst kann es bei einem ungenauen Timing passieren, dass der Hund auf die Beine springt oder auf ihnen landet. Dies kann schmerzhaft sein oder beim Hund durch eine negative Erfahrung (Schmerz oder Aufschrei des Menschen) dazu führen, dass er diesen Over nicht mehr machen will oder sogar erstmal keine Scheibe mehr fangen möchte.

Beim Over kann der Hund wie hier über die ausgestreckten Beine des Menschen springen.

Im Optimalfall springt der Hund, sobald er ein Kommando fürs Loslaufen erhält, einfach über die gestreckten Beine und schnappt den Heber aus der Luft. Wenn er das tut, loben Sie ihn durch ein kurzes Tauziehen, positionieren ihn erneut und wiederholen den Ablauf.

Sollte der Hund noch nicht über die Beine springen, sondern einen Bogen laufen, so gehen wir einen Schritt zurück. Wir positionieren den Hund und locken ihn mit der Scheibe über das Hindernis Beine. Läuft er der Scheibe nach, so belohnen wir dies mit Tauziehen. Diese Übung wird einige Male wiederholt. Irgendwann sollte der Hund keinen Unterschied mehr machen, ob er die Scheibe aus der Hand nimmt oder aus der Luft fängt.

Häufige Fehler:

1. Hund ist zu nah am Werfer:
Die richtige Positionierung ist wichtig, damit der Hund den Werfer nicht mit seiner Nähe bedrängt und somit ein Gelingen des Wurfes verhindert. Mit einem gezielten Kommando oder Handzeichen weiß der Hund, dass er zu warten hat, bis der Werfer bereit für den Wurf ist.

2. Hund ist zu weit weg vom Werfer:
Ist der Abstand zwischen Hund und Werfer zu groß, so kann das erstens dazu führen, dass der Hund mit zu viel Tempo ankommt und die Scheibe nicht optimal fangen kann. Auch kann es sein, dass der Hund mit den Hinterläufen die Beine des Werfers streift. Bei hohem Tempo kann das für beide Teampartner schmerzhaft sein.

3. Scheibenhaltung mit Handrücken zum Hundemaul:
Es ist unbedingt darauf zu achten, dass die Scheibe richtig in der Hand liegt und der Handrücken nicht in Richtung des Hundemauls zeigt, bevor die Scheibe die Hand verlässt! Es kann sonst passieren, dass der Hund beim Schnappen nach der Scheibe stattdessen die Hand erwischt.

4. Heber zu hoch/zu früh oder zu spät:
Sollte der Heber noch nicht im richtigen Timing erfolgen empfehlen wir, diesen noch einmal trocken zu üben, bis die Höhe stimmt. Dann kann der Hund dazugeholt werden. Wichtig ist, das Tempo des Hundes kontrollieren und abschätzen zu lernen.

7

Spiele und Regelwerke

- Spielen und Trainieren in der Gruppe
- Das Bringback-Regelwerk
- Das Judge'n Play-Regelwerk

Spielen und Trainieren in der Gruppe

Wenn Sie schon eine kleine Wurf- oder Spielgruppe in der Hundeschule, dem Verein oder einfach im Bekanntenkreis haben, dann haben wir hier ein paar nette Wurfübungen für Sie. Diese eignen sich optimal zum Warmwerfen und zum Festigen sämtlicher Wurftechniken/ Varianten.

»Around the world« ohne Hund

Hier steht der Werfer mit seinen fünf bis sieben Scheiben in der Mitte und die restlichen Personen stellen oder hocken sich in sauberem Abstand von etwa 1 m um ihn herum. Dann kann der Werfer beginnen, beispielsweise fünf Heber zu werfen. Wichtig ist, dass er sich dabei im Uhrzeigersinn mitdreht. Befindet er sich in der Hocke, so kann er sich gut auf dem Hacken oder Fußballen mitdrehen. Jede der herumstehenden Personen stellt ein und den selben Hund in seinen unterschiedlichen Positionen während des »Around the world« dar. Diese Übung eignet sich super dazu, den Bewegungsablauf und das Timing zu routinieren und sollte, sofern man die Möglichkeit hat in einer Gruppe zu trainieren, immer wieder ohne den Hund gemacht werden. Der Radius kann variiert werden. Zuerst im kleineren Radius, später auch mit einem Abstand von 3 bis 4 m mit unterschiedlichen Wurfvarianten.

»Around the world« in der Hocke – der Werfer steht mit seinen Scheiben in der Mitte und die restlichen Personen hocken sich um ihn herum.

Bei sicheren, flachen Würfen kann das »Around the world« nun auch im Stehen geübt werden.

Mini-Discgolf

Dieses Spiel ist eine vereinfachte Form des Frisbeegolf. Es lässt sich fast überall spielen, wo Platz ist. Auch dieses Spiel dient dem Warmmachen und wird ohne den Hund gespielt. Dieser kann natürlich, wenn er brav und kontrolliert ist, dabei sein. Viele Hunde spielen allerdings gern verrückt, wenn Scheiben fliegen, die sie mal nicht fangen dürfen.

Gespielt wird auf ein Ziel, welches einer der Spieler bestimmt. Das kann ein Baum, Zaunpfahl, Agilitygerät oder sonst was sein. Dieses Ziel gilt es mit so wenig wie möglich Würfen zu treffen. Einer wirft nach dem anderen. Erst wenn der erste Werfer bei seiner Scheibe ist, wirft der nächste und so weiter. Immer derjenige, der am weitesten vom Ziel weg ist, ist mit dem Werfen an der Reihe. Am Ende zählt die Anzahl der Würfe bis zum Ziel. Der Gewinner, derjenige mit den wenigsten Würfen, darf das nächste Ziel bestimmen.

(Möchte man ganz professionell an das Frisbeegolfspiel heran gehen, kann man im Internet die Regeln einsehen unter www.discgolf.de.)

Für diejenigen unter unseren Lesern, die noch keine Frisbeegruppe haben oder einfach nicht wissen, ob sich in ihrer Umgebung vielleicht doch der eine oder andere weitere Dog-Frisbee-Spieler befindet, empfehlen wir unser Discrockers-Portal (www.discrockers.de/portal). Dort könnt Sie sich ein eigenes Spielerprofil anlegen, Ihren Standort als Jamspot bestimmen, sich im Forum austauschen, Fragen stellen, anderen Tipps und Hilfestellungen geben oder sich mit benachbarten Spielern zum gemeinsamen Frisbeespielen verabreden. Einige Teams haben sich schon auf diese Weise gefunden und trainieren nun gemeinsam, wir hoffen, dass es so weiter geht!

Das Bringback-Regelwerk

Bringback.

Wenn Sie bis hierher alles sicher erlernt haben, die Rückhand sicher und gut fliegt und das Timing mit dem Hund optimal funktioniert, sind Sie bereit für das erste richtige Turnierspiel, das sogenannte Bringback oder Minidistance:

Regeln

Im Minidistance geht es um jede Sekunde, ein spannendes Rennen gegen die Zeit!
Gespielt wird **mit nur einer Scheibe** und einem Hund. Dieser versucht innerhalb von 60 Sekunden so oft es geht die vom Menschen von hinter der Abwurflinie aus geworfene Scheiben zu fangen.

Hund und Werfer müssen sich hinter der Abwurflinie befinden, bevor die Zeit losläuft. Ist der Werfer startbereit, dann signalisiert er dies dem Linienrichter und dieser gibt dem Ansager das Signal zum Start. Nun zählt der Ansager den Countdown »3-2-1-go« und parallel zum »go« beginnt die Zeit zu laufen.
Jeder Wurf muss von der Abwurflinie aus erfolgen. Ansonsten darf der Mensch auch auf das Spielfeld laufen, um den Hund anzuspornen oder um die Scheibe zu holen, sollte der Hund diese nicht bringen. Das Betreten oder Kreuzen der Abwurflinie im Moment des Abwurfes macht den Wurf ungültig.
Sollte der Spieler während der Runde feststellen, dass die Scheibe schwerwiegende Schäden aufweist, die den Hund aufgrund von Löchern oder Rissen verletzten können, so kann diese dem Richter zum Austauschen ausgehändigt werden. Die kaputte Scheibe muss dem Linienrichter ausgehändigt werden, bevor ein Austausch stattfinden kann, die Zeit wird hierbei nicht angehalten. Eine Countdownansage wird bei 30 Sekunden, 15 Sekunden und dann ab 10 abwärts gezählt. Wenn innerhalb der letzten Sekunde die Scheibe abgeworfen wird und der Hund diese fängt, so wird auch diese noch in die Bewertung eingerechnet.

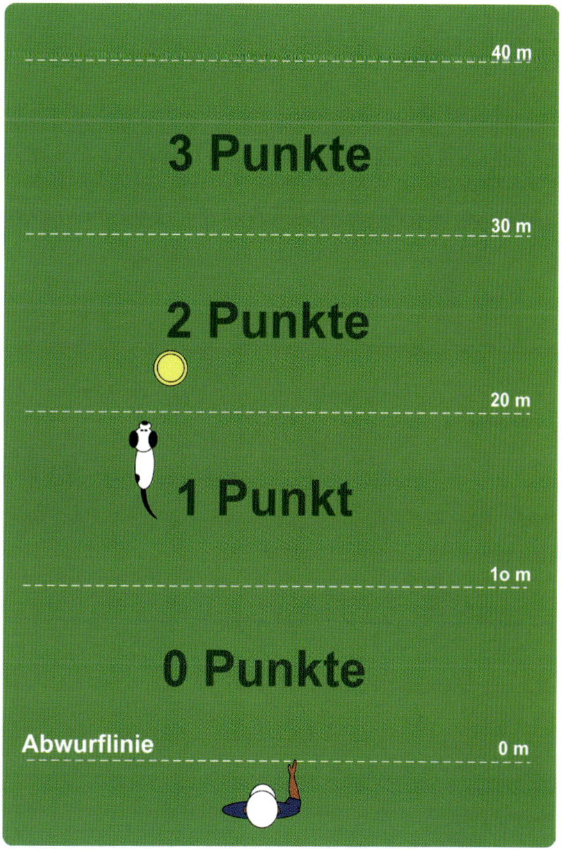

Hier sieht man den groben Aufbau eines Minidistance-Spielfeldes.

Spielfeld

Das Spielfeld hat die Maße 20 x 50 m und ist in verschiedene Zonen eingeteilt. Je nachdem, in welcher Zone der Hund die Scheibe fängt, gibt es unterschiedliche Punkte. Hierbei zählen die weiteren Würfe mehr, allerdings kann man auch gut taktisch spielen und durch viele kürzere Würfe ordentlich Punkte sammeln.

Das Judge'n Play-Regelwerk

So, wer hier angekommen ist, der kann sich nun in unser Freestyle-Regelwerk hineinlesen. Gemeinsam mit Spielern aus ganz Europa haben wir diese Spielform entwickelt und wünschen nun viel Spaß beim Lesen und natürlich auch beim späteren Ausprobieren.

Das Spielprinzip dieser neuen Hundefrisbeespielidee kommt aus dem Freestyle-Frisbee/Menschenfrisbee-Sport. Dort wird jeweils in sogenannten Pools gespielt und die Teilnehmer richten sich gegenseitig. Damit sind Spieler auch gleichzeitig Richter.

Beispiel:
Pool A und Pool B. Während Pool A spielt, richtet Pool B und anschließend wird getauscht.

Diese Form haben wir in feinster Kleinarbeit und mit viel Mühe und Gedankenaustausch mit vielen Spielern aus beiden Frisbeeszenen (wie wir finden optimal) umgesetzt, so dass

Judge'n Play nun DIE alternative Turnierform zu den sonstigen Spielformen geworden ist!

Zu Beginn einer Veranstaltung teilt der Headjudge, Veranstalter oder Ausrichter die Spieler in Kategorien und Pools ein. So versucht er, für alle Teilnehmer möglichst gleiche Verhältnisse zu schaffen. Es gibt jeweils zwei Spielergruppen (oder Pools), die aus mindestens sechs Spielern bestehen sollten. Aus diesem Pool bewerten immer jeweils zwei Spieler zusammen eine der drei Kategorien »Mensch«, »Hund« oder »Team« während der Freestylekür/Routine des anderen Teams. Einer der Mitveranstalter, ein bereits erfahrener Spieler, wird Headjudge des Turniers und ist während des Richtens bei den Richtern. Er hilft, gibt Tipps und kontrolliert mögliche extreme Bewertungsschwankungen.
In jeder der drei Bewertungskategorien »Mensch«, »Hund« und »Team« können maximal 40 Punkte erreicht werden. Die Kategorien teilen sich in weitere Unterkategorien auf. Jedes Richterteam vergibt in den einzelnen Kategorien Punkte in den Unterkategorien. In der folgenden Aufstellung sehen Sie, wie die Punkte verteilt werden. Die maximal erreichbare Punktzahl ist in Klammern dargestellt, die Endbewertung ergibt sich aus der Summe aller erzielten Punkte.

Mensch (human):
Schwierigkeit/difficulty (5)
und Sportlichkeit/sportiness (5)
Präsentation: Stil/style (3)
Showelemente/showmanship (4)
Musikinterpretation/music timing (3)
Abwechslungsreichtum/variety (10)
Sicherheit/safety (10)

Hund (dog):
Sportlichkeit/sportiness (10)
Trieb/drive (5)
Konzentration/focus (5)
Stil/style (10)
Tempokontrolle/speedcontrol (10)

Team:
Fluss/flow (5)
Form/form (5)
Kommunikation/communication (10)
Gesamteindruck/general impression (10)
Ausführung/execution (10)

Was Sie zum Ausrichten Ihres eigenen Judge‘n Play-Turniers benötigen:

- als Veranstaltungsfläche eine ebene und gepflegte Wiese/Hundeplatz/Sportplatz, Reitplatz nach Möglichkeit eingezäunt
- Laptop mit CD-Player zum Abspielen der Kürmusiken und der Pausenmusik
- Anlage mit Box oder Soundsystem mit Mikrofoneingang, wenn vorhanden
- Tische und Stühle oder eine Sitzbank für die Judges
- Anmeldeformulare
- Bewertungsbögen
- einen Drucker für die Ergebnisse und Urkunden sowie für Ausdrucke von Beschilderungsmaterial (»Lösefläche«, »Hunde an die Leine«, »Eingang«, »WC«, »kaltes Büfett«, ...)
- Preise (gern selbstgemacht, es geht nicht um die Masse) für die ersten drei Platzierten, für den Newcomer und den Spirit of the Game Award
- Bei einer öffentlichen Veranstaltung mit Zuschauern evtl. GEMA-Anmeldung, sanitäre Anlagen (bei größeren Turnieren benötigt man außerdem Sanitäter und einen Tierarzt)
- Presse, Plakate, Flyer, Werbung in den regionalen Medien

8

Erste Schritte zur eigenen Kür

- Sortierung der Tricks/Würfe
- Musikauswahl
- Hilfestellung beim Küraufbau

Sortierung der Tricks/Würfe

Wenn Sie nun das Buch soweit durchgearbeitet haben, dass die Heber und Rückhände sauber und gezielt fliegen, dann sind Sie bereit zum Aufbau einer ersten kleinen Freestyle-Kür.

Zuerst schreibt man sich alle Tricks und Wurftechniken auf, die man mit seinem Hund gut kann. Diese sollte man am besten danach ordnen, wie gut sie schon klappen. Dazu gibt man den einzelnen Tricks Schulnoten und ordnet von gut nach »ausbaufähig«. Tricks, die ganz unten auf dieser Liste stehen und dementsprechend noch nicht gut funktionieren, also als Note eine 5 oder 6 erhalten, sollten Sie auf jeden Fall noch üben, bevor Sie sie in eine Kür einbauen.

Beispiel:
Rückhand: Note 1
Over über die Beine: Note 1
Rückhand hinter dem Rücken: Note 2
Rückhand unter dem Bein: Note 3
Chair: Note 4

Damit die Kür mit einem Highlight beginnt, sollte man für den Anfang einen Trick wählen, der sicher klappt. So hat man die Aufmerksamkeit der Jury und des Publikums auf seiner Seite. Nach diesem gelungenen Auftakt kann man nun ein oder zwei nicht hundertprozentig sitzende Tricks einbauen. Allgemein sollte es immer wieder sichere Tricks zu sehen geben, aber auch Versuche von Variationen, die vielleicht noch nicht immer klappen. So ist eine gute Mischung zu erkennen. Auch Dogdancetricks können durchaus in einer Anfängerkür gezeigt werden. Ein Highlight zum Abschluss, beispielsweise eine Verbeugung, rundet die Kür ab.

Aufschreiben der Sets hilft beim Trainieren.

Musikauswahl

Wichtig bei jeder Freestyle-Kür ist die musikalische Untermalung. Bei der Wahl des Songs sollte man darauf achten, dass der Rhythmus passend zur Sportlichkeit des Teams gewählt wird. Soll heißen, bei einem Anfängerteam, welches noch nicht so sicher miteinander spielt, sollte keine extrem schnelle Musik ausgewählt werden. Das hat den Hintergrund, dass es sonst nicht harmonisch aussieht, sondern eher stressig und hektisch wirkt.
Routinierte Teams können durchaus eine temporeichere Musikwahl treffen, da sie die Tricks mit dem Hund schon sicher beherrschen und besser zum Rhythmus ausführen können. Die Musik sollte außerdem so gewählt werden, dass sie vor Publikum jeglichen Alters gespielt werden kann.

Hilfestellung beim Küraufbau

Um eine komplette Kür schön und sauber spielen zu können trainiert man die Sets, d.h. die jeweiligen Parts der Kür, einzeln, bis diese sicher und flüssig klappen. Je nach Schwierigkeit des Tricks und der Abfolge kann das Training allein an einem Set schon einige Zeit in Anspruch nehmen. Das ist aber auch gut so, denn so wird das Team routiniert und sicher im Spiel dieser Abfolge.
Es ist von Vorteil, wenn der Mensch die Sets zunächst ohne den Hund übt, das heißt also, fünf bis sieben Scheiben in der gewünschten Trickreihenfolge zu werfen, um den Ablauf so leichter zu verinnerlichen. Der Hund kann sich diese Abfolge recht schnell merken. Ist der Mensch darin sicher, kommt man schneller voran.
Wenn man im Trainingsverlauf merkt, dass es immer mal wieder an einer Stelle im Set hakt, sollte man nicht zwangsläufig so lange weiterüben bis es klappt, sondern entweder eine Pause einlegen und etwas ganz anderes tun oder den Trick einfach vorläufig durch einen leichteren, gut funktionierenden ersetzen.

Scheibe als Spickzettel

Viele Spieler können sich im Eifer des Gefechts nicht alle Elemente der Sets merken. Dazu können allein trainierende Spieler ihre Sets mit einem wasserfesten Stift in die Innenseite der Scheiben schreiben, jeweils pro Scheibe ein Set (fünf bis sieben Tricks). So kann mit den fünf bis sieben Scheiben jedes Set optimal trainiert werden. Klappt das erste, kann man sich dem nächsten Set widmen. Wer nicht allein trainiert und seine Kür schon soweit fertig gestellt

hat, kann sich Anmerkungen aufschreiben, die ein anderer Spieler ihm dann als Kommandos zuruft.

Das Training filmen oder filmen lassen

Da man sich selbst beim Spielen nicht sieht, kann man teilweise die Tricks und Abläufe nicht so gut abschätzen.
Hierbei kann man sich, wenn man keine feste Trainingsgruppe oder einen Trainingspartner hat, selbst behelfen, indem man sich beim Spielen filmt. Stellen Sie einfach eine kleine Kamera oder Ihr Handy so auf, dass das komplette Spielfeld zu sehen ist.
Wenn man in einer Gruppe trainiert, kann man sich gegenseitig filmen und danach gemeinsam das Filmmaterial analysieren. Das hilft dabei, den Ablauf der Kür weiter zu verbessern.

Outro

Das war sie, die richtige Basis für den optimalen Einstieg in den Dog-Frisbee-Sport. Wir hoffen, dass wir mit unserer Anleitung einen leichten und verständlichen Einstieg in dieses tolle Spiel/diesen tollen Sport vermitteln konnten. Wer diese Grundlagen sicher beherrscht, kann darauf aufbauen. Führen Sie Ihren Hund geduldig an diesen Sport heran und steigern Sie die Anforderungen langsam. So werden Sie beide lange Spaß an diesem tollen Sport haben und schon bald eine erste gemeinsame Kür präsentieren können.

Jochen Schleicher

Über die Discrockers

1997 gründete Jochen Schleicher das Team Discrockers. Damals waren das sein Hund Butch und er. Heute, 2010 besteht das Team außerdem aus Julia Schuster, dem gemeinsamen Sprössling Vincent und den gemeinsamen Hunden Ellie, Holmes und Bender. Durch unsere Leidenschaft für Hunde und den Frisbeesport haben wir es uns gemeinsam zur Aufgabe gemacht, diese Faszination mit anderen Zwei- und Vierbeinern zu teilen und den Disc-Dog-Sport noch bekannter und anerkannter zu machen.

Jochen Schleicher:

Als Initiator des europäischen Disc-Dog-Sports beschäftigt er sich schon seit 1997 mit dem Training und der Ausbildung von Disc Dogs und deren zweibeinigen Teampartnern. Bekannt geworden durch sein jahrelanges Engagement und zahlreiche Aufführungen, Fernsehberichte, Workshops und Seminare machte er sich in der weltweiten Frisbeeszene einen großen Namen. Schon immer war Jochen ein Fan der fliegenden Scheiben. Bereits im zarten Alter von 15 Jahren spielte er nach ausgiebigen Skateboardsessions zum Ausklang Frisbee im Karlsruher Schlosspark. Die Liebe zu Hunden hatte er durch seinen Großvater mitbekommen, der sich ähnlich wie Jochen heute leidenschaftlich gern mit diesen Tieren beschäftigte.

Mit 19 wurde der Wunsch nach einem eigenen Hund Wirklichkeit und Butch trat in sein Leben. Da Jochen ein großer Musikfan und damals noch Gitarrist in einer Rockband war, entstand der Name »Discrockers«.

Das Zusammenspiel von Hund, Scheibe und Musik ist damals wie heute die für ihn perfekte Kombination und Auslastung für ihn und seine vierbeinigen Spielpartner. Diese Leidenschaft möchte er an Gleichgesinnte weitergeben.

Julia Schuster

Julia Schuster:
Seit 2007 praktiziert sie den Freestylefrisbee- und Hundefrisbeesport. Gelernt hat sie beides vor allem bei Jochen Schleicher, aber auch durch die Berliner und Karlsruher Freestylefrisbee-SpielerInnen.
Neben der persönlichen Leidenschaft zum Frisbeesport und ihrer Liebe zu Hunden ist sie heute der organisatorische und designerische Part der Discrockers. Alles rund um Shows, Seminare, Presse und Werbung wird größtenteils von ihr erledigt. Darüber hinaus unterstützt sie Jochen als Co-Trainerin und Linkshänderexpertin. Selbst ist sie mit Hunden groß geworden und hat von jedem einzelnen viel gelernt. Zum Dog Frisbee kam sie durch Jochen Schleicher. Der Sport ist heute aus ihrem Leben nicht mehr wegzudenken.

Die Devise der Discrockers ist es, dass man auf spielerische Weise Spaß mit seinem Hund haben kann, ihn und sich sportlich auslasten und dazu eine große Bindung, Vertrauen und Gehorsam gleichermaßen gut aufbauen kann, wenn man richtig an diesen Sport heran geht!

Danke!

Wir sind stolz, dieses Buch geschrieben zu haben und hoffen, dass Sie als Leser genauso zufrieden sind wie wir. Wer diesen Ratgeber beherzigt und so Schritt für Schritt mit seinem Hund an das Dog Frisbee heran geht, kann zu einem richtig tollen Team werden und hat auf jeden Fall die optimale Basis für diesen Sport. Unter dieser Anleitung sind schon viele tolle Teams herangewachsen und wir hoffen, dass noch ganz viele dazukommen.

Wir danken allen lieben Menschen, die uns mit Rat und Tat zur Seite standen, eigentlich allen unseren Seminarteilnehmern, ohne die wir nie die Erfahrung und das Wissen hätten sammeln können, welches wir hier zu Papier gebracht haben.
Ein riesiges Dankeschön geht auch an unsere Freunde Nina Lohmeyer und Sven Dressler von der Hundeschule Dogrockers aus Jade sowie Yvonne Müller und Felix Brüstle von den Daddledoos aus Freiburg. Dank unserer guten Freundschaft und den zahlreichen Jams und Seminaren sind tolle Fotos entstanden, die in diesem Buch ihren Platz gefunden haben.
Danke an alle, die ihre von Julia Schuster geschossenen Fotos für dieses Buch freigegeben haben. Danke auch an Ralf Stockhoff für seine Fotos. Nur durch gute und verständliche Bilder kann so ein Ratgeber richtig funktionieren.
Last but not least danken wir natürlich auch und besonders den tollen Hunden, die mit uns die Leidenschaft am Frisbeespielen teilen und an denen wir auch so vieles gelernt haben! Ihr seid die Besten!

Discrockers-DVD: Anleitung für Einsteiger
Mit dieser kompakten Trainingsanleitung wollen wir euch in kurzer Form die Grundlagen dieses actionreichen Sports in bewegten Bildern vermitteln. Die DVD eignet sich sehr gut als Ergänzung zu diesem Buch!

Kontakt

→ Die DVD und Scheiben der Discrockers erhalten Sie unter www.henrys-online.de.

Infos zu unseren Seminaren, Shows und Aktuelles rund um den Sport gibt es unter www.discrockers.de.

Discrockers Karlsruhe
Inh. Jochen Schleicher
Frühlingstr.2
76131 Karlsruhe
Tel.: 07213/843282
E-Mail: info@discrockers.de

Zum Weiterschmökern aus dem Müller Rüschlikon Verlag:

Ursula Breuer, Monika Schaal:
Hundeverhalten – erkennen und verstehen,
Stuttgart 2006

Johanna Esser:
Hunde erziehen –
So arbeiten die besten Hundetrainer,
Stuttgart 2010

Ann-Sophie Griebel:
Clicker-Training (Die Hundeschule),
Stuttgart 2009

Micaela Köppel:
Dogdance – Der kreative Hundesport,
Stuttgart 2008

Micaela Köppel:
Spiel und Spaß für jeden Tag
(Die Hundeschule), Stuttgart 2010

Petra Krivy, Angelika Lanzerath:
Hunde verstehen (Die Hundeschule),
Stuttgart 2010

Gabriele Niepel:
So wird mein Hund zum Freund –
Sinnvolle Beschäftigung mit dem Familienhund im Alltag,
Stuttgart 2005

Petra Pawletko:
Hunde gesund und vital durch Homöopathie,
Stuttgart 2008